Laser in der Materialbearbeitung
Forschungsberichte des IFSW

G. Callies
Modellierung von qualitäts- und
effektivitätsbestimmenden Mechanismen
beim Laserabtragen

Laser in der Materialbearbeitung
Forschungsberichte des IFSW

Herausgegeben von
Prof. Dr.-Ing. habil. Helmut Hügel, Universität Stuttgart
Institut für Strahlwerkzeuge (IFSW)

Das Strahlwerkzeug Laser gewinnt zunehmende Bedeutung für die industrielle Fertigung. Einhergehend mit seiner Akzeptanz und Verbreitung wachsen die Anforderungen bezüglich Effizienz und Qualität an die Geräte selbst wie auch an die Bearbeitungsprozesse. Gleichzeitig werden immer neue Anwendungsfelder erschlossen. In diesem Zusammenhang auftretende wissenschaftliche und technische Problemstellungen können nur in partnerschaftlicher Zusammenarbeit zwischen Industrie und Forschungsinstituten bewältigt werden.

Das 1986 begründete Institut für Strahlwerkzeuge der Universität Stuttgart (IFSW) beschäftigt sich unter verschiedenen Aspekten und in vielfältiger Form mit dem Laser als einer Werkzeugmaschine. Wesentliche Schwerpunkte bilden die Weiterentwicklung von Strahlquellen, optischen Elementen zur Strahlführung und Strahlformung, Komponenten zur Prozeßdurchführung und die Optimierung der Bearbeitungsverfahren. Die Arbeiten umfassen den Bereich von physikalischen Grundlagen über anwendungsorientierte Aufgabenstellungen bis hin zu praxisnaher Auftragsforschung.

Die Buchreihe „Laser in der Materialbearbeitung – Forschungsberichte des IFSW" soll einen in Industrie wie in Forschungsinstituten tätigen Interessentenkreis über abgeschlossene Forschungsarbeiten, Themenschwerpunkte und Dissertationen informieren. Studenten soll die Möglichkeit der Wissensvertiefung gegeben werden. Die Reihe ist auch offen für Arbeiten, die außerhalb des IFSW, jedoch im Rahmen von gemeinsamen Aktivitäten entstanden sind.

Modellierung von qualitäts- und effektivitätsbestimmenden Mechanismen beim Laserabtragen

Von Dr.-Ing. Gert Callies
Universität Stuttgart

Springer Fachmedien Wiesbaden GmbH

D 93

Als Dissertation genehmigt von der Fakultät für Konstruktions- und Fertigungstechnik der
Universität Stuttgart

Hauptberichter: Prof. Dr.-Ing. habil. Helmut Hügel
Mitberichter: Prof. Dr. rer. nat. Reinhart Poprawe (MA)

Die Deutsche Bibliothek – CIP-Einheitsaufnahme

Callies, Gert:
Modellierung von qualitäts- und effektivitätsbestimmenden
Mechanismen beim Laserabtragen / von Gert Callies. –
Stuttgart ; Leipzig : Teubner, 1999
  (Laser in der Materialbearbeitung)
  Zugl.: Stuttgart, Univ., Diss.
  ISBN 978-3-519-06245-5   ISBN 978-3-663-01144-6 (eBook)
  DOI 10.1007/978-3-663-01144-6

Kurzfassung

Gegenstand der vorliegenden Arbeit ist die modellmäßige Erfassung der Mechanismen, die beim Abtragen mit Kurzpulslasern die Effektivität des Abtragsprozesses und die Qualität des Abtrags, die über die Topographie der durch den Abtrag enstandenen Struktur qualifiziert wird, beeinflussen. Dazu wurden zwei Modelle entwickelt bzw. modifiziert, die in der Lage sind, einerseits die gasdynamischen Gegebenheiten und Wechselwirkungsmechanismen zwischen Materialdampf und Laserstrahlung oberhalb der Werkstückoberfläche zu simulieren und andererseits durch Lösung der dreidimensionalen Wärmeleitungsgleichung unter Einbeziehung des laserinduzierten Verdampfungsprozesses als Randbedingung die Abtragsgeometrie numerisch zu berechnen.

Die Effektivität des Prozesses wird insbesondere durch die Absorption der Laserstrahlung im sich ausbreitenden Materialdampf beeinflußt. Für langwellige Laserstrahlung $\lambda \gg 1\,\mu m$ wird die inverse Bremsstrahlung im allgemeinen als der dominierende Mechanismus angesehen. Wird die Wellenlänge der verwendeten Laserstrahlung kleiner, nimmt jedoch der Einfluß der inversen Bremsstrahlung ab, so daß zusätzliche Mechanismen in Betracht gezogen werden müssen, um die gemessene Extinktion zu erklären.

In der vorliegenden Arbeit wird ein Schwerpunkt auf die Berechnung der Absorption und der Streuung der einfallenden Laserstrahlung an sich im Metalldampf kondensierenden Clustern gelegt. Voraussetzung dafür ist die konsistente Bestimmung des Clusterradius und des Kondensationsgrades sowie die Integration der Mieschen Streutheorie an sphärischen Partikeln. Die Simulationsergebnisse zeigen, daß die Cluster durch die Absorption der Laserstrahlung aufgeheizt werden. Aufgrund von Atom–Cluster Stößen erwärmt sich auch der Dampf, in dem die Cluster eingebettet sind. Die Dampftemperatur steigt bis zu einer Temperatur, bei der durch Ionisation genügend freie Elektronen gebildet werden, so daß inverse Bremsstrahlung einsetzen kann und letztendlich zu einer vollständigen Abschirmung der Materialoberfläche von der noch einfallenden Laserstrahlung führt.

Die optischen Konstanten des Materials bestimmen den Anteil der Laserstrahlung, der von der Oberfläche reflektiert wird und dadurch der Bearbeitung nicht zur Verfügung steht. Wird jedoch eine Abtragstiefe erreicht, bei der die Strahlung nicht aus der Abtragsmulde heraus–, sondern von den Wänden auf den Boden der Mulde hineinreflektiert wird, so kann die Effektivität des Prozesses gesteigert werden, da die zur direkt einfallenden Laserstrahlung reflektierten Anteile einen zusätzlichen Beitrag zur Energieeinkopplung liefern. Mit Hilfe des dreidimensionalen Abtragsmodells wird in dieser Arbeit der Effekt der Vielfachreflexion untersucht. Dabei zeigt sich, daß die Abtragsrate durch Vielfachreflexion zwar gesteigert wird, es jedoch auch zu Unebenheiten am Boden der Abtragsmulde kommt, da sich die reflektierte Strahlung nicht homogen über den gesamten Boden verteilt.

Die Verknüpfung beider Modelle erlaubt abschließend eine Diskussion der Energieflüsse beim Laserabtragen unter dem Einfluß verschiedener Laserparamter, Umgebungsgase und Drücke sowie die Definition eines geeigneten Prozeßfensters.

Inhaltsverzeichnis

Symbolverzeichnis

Lateinische Symbole

Symbol	Bezeichnung	Dimension
a	Clusterradius	m
a_s	Schallgeschwindigkeit	m/s
a_k	kritischer Radius	m
A	Absorptionsgrad	
A_{ij}	Oberflächenelement	m^2
c	Lichtgeschwindigkeit in Vakuum	$299792458\ m/s$
$\bar{c}$	mittlere thermische Geschwindigkeit der Teilchen	m/s
c_{cl}	spezifische Wärmekapazität eines Clusters	J/kgK
c_{liq}	spezifische Wärmekapazität der flüssigen Phase	J/kgK
c_p	spezifische Wärmekapazität bei konstantem Druck	J/kgK
c_s	Stoßfrontgeschwindigkeit	m/s
c_v	spezifische Wärmekapazität bei konstantem Volumen	J/kgK
C	Dampfkonzentration	
C_{abs}	Wirkungsquerschnitt für die Mie–Absorption	m^2
C_{sca}	Wirkungsquerschnitt für die Mie–Streuung	m^2
C_1	Preexponentielle Arrheniuskonstante	m/s
C_2	Exponentielle Arrheniuskonstante	
CFL	Courant–Friedrich–Lewy Zahl	
D	Diffusionskoeffizient	s^{-1}
D_{aa}	Diffusionskonstante im Dampf	m^2/s
e	Energievolumendichte der Strömung	J/m^3
e	Elementarladung	$1.602169 \cdot 10^{-19}\ C$
$\mathbf{E}$	elektrischer Feldvektor	V/m
E_0	Explosionsenergie	J
E_D	Dissoziationsenergie	J
E_i	Anregungsenergie des i–ten Ionisationszustandes	J

ΔE_i	Herabsetzung der Ionisationsenergie	J
E_i^+, E_i^{++}	Ionisationsenergie der ersten und zweiten Ionisationsstufe	J
f	Anzahl der Freiheitsgrade	
f_g^0	Gleichgewichtsverteilungsfunktion der Clusterabmessungen	
f_g	Verteilungsfunktion der Clusterabmessungen	
$\mathbf{F}$	Energiestromdichtevektor	W/m^2
$|\mathbf{F}|$	Intensität	W/m^2
$\mathbf{F_{dir}}$	Energiestromdichtevektor, direkte Einstrahlung	W/m^2
$\mathbf{F_{ref}}$	Energiestromdichtevektor, reflektierter Anteil	W/m^2
g	Anzahl der Atome in einem Cluster	
g_k	kritische Anzahl von Atomen in einem Cluster	
$\hbar$	Plancksches Wirkungsquantum	$1.054589 \cdot 10^{-34}\ Js$
h	Gesamtenthalpie des Gases/ Dampfes	J/kg
h_a	Enthalpie der Atome	J/kg
h_e	Enthalpie der Elektronen	J/kg
h_i^+	Enthalpie der einfach ionisierten Atome	J/kg
h_i^{++}	Enthalpie der zweifach ionisierten Atome	J/kg
h_r	Rautendiagonale	m
h_v	Verdampfungsenthalpie	J/kg
h_{A2}	Enthalpie der Moleküle	J/kg
H	Energiedichte	J/m^2
I	Laserpulsintensität auf der Materialoberfläche	W/m^2
I_0	verfügbare Laserpulsintensität	W/m^2
$\mathbf{j}$	elektrische Stromdichte	$C/m^2 s$
k_b	Boltzmannkonstante	$1.38066 \cdot 10^{-23}\ J/K$
M	Machzahl	
M_a	Molmasse	kg/mol
M_c	Machzahl an der Stoßfront	
m_a	atomare Masse	kg
m_e	Elektronenmasse	$9.10953 \cdot 10^{-31}\ kg$
m_{A2}	Masse des zweiatomigen Moleküls	kg
n, k	optische Konstanten	
n_a	Teilchendichte der Atome	m^{-3}
n_{cl}	Dichte der Cluster im Dampf	m^{-3}

n_e	Elektronendichte	m^{-3}
n_i^+	Teilchendichte der einfach ionisierten Atome	m^{-3}
n_i^{++}	Teilchendichte der zweifach ionisierten Atome	m^{-3}
n_i, n_{i+1}	Teilchendichten der i-fach und $i+1$-fach ionisierten Atome	m^{-3}
n_t	Teilchendichte im Materialdampf	m^{-3}
n_{A2}	Teilchendichte der nicht dissozierten Moleküle	m^{-3}
n_{A2}^0	Ausgangsteilchendichte der Gasmoleküle	m^{-3}
n_U	Anzahl der Überfahrungen	
n^*	komplexer Brechungsindex des Plasma	
n_{cl}^*	komplexer Brechungsindex eines Clusters	
n_{ion}^*	Ionenanteil des komplexen Brechungsindexes des Plasmas	
N_i	komplexer Brechungsindex des Werkstoffs	
N_{ij}^n	Anzahl der Strahlen auf einem Oberflächenelement	
N_n	Anzahl der Pulse	
N_A	Anzahl der Teilchen im Dampf	Mol
N_B	Anzahl der Teilchen in den Clustern	Mol
p	Druck	Pa
p_2	Druck unmittelbar hinter der Stoßfront	Pa
p_L	Dampfdruck an der Materialoberfläche	Pa
p_0	Umgebungsdruck	Pa
p_∞	Gleichgewichtsdampfdruck	Pa
P	maximale Pulsleistung	W
$P(z, r, t)$	absorbierte Leistung pro Volumeneinheit	W/m^3
P_{cl}	durch Cluster–Atom Stöße transferierte Wärmeleistung pro Volumen	W/m^3
q_l'''	Wärmemenge	W/m^3
$r(z)$	Strahlradius in der Ebene z	m
r_b	Strahlradius auf der Materialoberfläche	m
r_c	Krümmungsradius der Phasenfront im Laserstrahl	m
r_{Atom}	Atomradius	m
R	Reflexionsgrad	
R_{gas}	spezifische Gaskonstante des Umgebungsgases	J/kgK
R_{ion}	Ionensphärenradius	m
R_{spez}	spezifische Gaskonstante	J/kgK

R_{werk}	spezifische Gaskonstante des Materialdampfs	J/kgK
s_{cl}	Clusterbildungsrate	s^{-1}
s_g	Oberfläche eines Clusters mit g Atomen	m^2
t	Zeit	s
Δt	Zeitschritt	s
T	Temperatur	K
T_1, T_2	Temperatur vor und nach der Stoßfront	K
T_∞	Raumtemperatur	K
T_{eva}	Verdampfungstemperatur bei Normaldruck	K
T_g	Temperatur oberhalb der Knudsenschicht	K
T_z	Abtragstiefe	m
T_L	Temperatur an der Materialoberfläche	K
u	Vorschubgeschwindigkeit des Werkstücks	m/s
u, v	Komponenten in x- und y-Richtung des Geschwindigkeitsvektors	m/s
$\mathbf{v}$	Geschwindigkeit	m/s
$\mathbf{v_e}$	Geschwindigkeit der Elektronen	m/s
v_2	Teilchengeschwindigkeit unmittelbar hinter der Stoßfront	m/s
v_n	Geschwindigkeit der Verdampfungsfront	m/s
v_g	Geschwindigkeit oberhalb der Knudsenschicht	m/s
x_{cl}	Kondensationsgrad	
z_0	Fokuslage	m
z_{opt}	Weglänge des Laserstrahls durch das Dampf/ Plasmagemisch	m
Z_a	Zustandssumme der Atome	
Z_i^+, Z_i^{++}	Zustandssummen der einfach und zweifach ionisierten Atome	
Z_i, Z_{i+1}	Zustandssummen der i-fach und $i+1$-fach ionisierten Atome	

Koordinatenbezeichnungen

Symbol	Bezeichnung	Dimension
$\hat{\imath}, \hat{\jmath}, \hat{k}$	Einheitsvektoren der Ortskoordinaten	
$\hat{n}$	Normalenvektor der Oberfläche	
$s(x, y)$	Oberflächenkoordinate	m
$\hat{s}$	Einheitsvektor der Richtung eines Teilstrahles	
$\hat{s}_r, \hat{s}_i$	Einheitsvektoren des reflektierten und des einfallenden Strahles	
r, z	radiale und axiale Komponente des Strömungsfeldes in Zylinderkoordinaten	m
$\Delta r, \Delta z$	Maschenweiten in radialer und axialer Richtung	m
x, y, z	Ortskoordinaten	m
ξ, η, ζ	Koordinaten des Rechengitters	

Griechische Symbole

Symbol	Bezeichnung	Dimension
α_{abs}	Absorptionskoeffizient der Mie–Absorption	m^{-1}
α_g	Verdampfungskoeffizient	$m^{-2}s^{-1}$
α_{ib}	Absorptionskoeffizient der inversen Bremsstrahlung	m^{-1}
α_{mie}	gesamter Extinktionskoeffizient der Mie–Theorie	m^{-1}
α_p	Polarisierbarkeit	Asm^2/V
α_{sca}	Extinktionskoeffizient der Mie–Streuung	m^{-1}
β	Rekondensationsfaktor	
β_∞	halber Divergenzwinkel	rad
β_{cl}	Kondensationskoeffizient	$m^{-2}s^{-1}$
γ	Adiabatenexponent	
γ_{gas}	Adiabatenexponent des Umgebungsgases	
γ_{werk}	Adiabatenexponent des Dampfs	
Γ_{dis}	Dissoziationsgrad	
Γ_{ion}	Ionisationssgrad	
Δ	relative Übersättigung	
η'	Wärmeübergangskoeffizient	W/m^2K
ε_0	Influenzkonstante	$8.8542 \cdot 10^{-12}\ As/Vm$
θ	Kirchhoffsche Temperatur	
θ_i, θ_r	polarer Einfalls– und Ausfallswinkel	rad
λ	Wärmeleitfähigkeit	W/mK
λ	Wellenlänge des Laserlichts	m
λ_0	dimensionslose Konstante im Weg–Zeit–Gesetz einer Stoßfrontausbreitung	
μ_A	chemisches Potential der dampfförmigen Phase	J/Mol
μ_B	chemisches Potential der flüssigen Phase	J/Mol
ν_c	Stoßfrequenz	s^{-1}
ν_{ea}	Elektron–Atom Stoßfrequenz	s^{-1}
ν_{ei}	Elektron–Ion Stoßfrequenz	s^{-1}
ν_l	Pulswiederholfrequenz	s^{-1}
ϱ	Massendichte	kg/m^3
ϱ_1	Massendichte des Gases vor der Stoßfront	kg/m^3
ϱ_2	Massendichte des Gases hinter der Stoßfront	kg/m^3

ϱ_g	Massendichte oberhalb der Knudsenschicht	kg/m^3
ϱ_{liq}	Dichte der flüssigen Phase	kg/m^3
ϱ_L	Massendichte vor der Knudsenschicht	kg/m^3
σ	Oberflächenspannung	N/m
σ_c	Stoßquerschnitt der Atome im Dampf	m^2
σ_{el}	elektrische Leitfähigkeit	$\Omega^{-1}m{-}1$
σ_s	Stoßparameter	m
ϕ	Pulsformfunktion	
Φ_{min}	minimale Energie zur Clusterbildung	J
ψ_r, ψ_i	azimuthaler Einfalls- und Ausfallswinkel	rad
ω	Kreisfrequenz der Laserstrahlung	s^{-1}
ω	Strahlradius	m
ω_0	Strahlradius im Fokus	m
ω_p	Plasmafrequenz	s^{-1}
ω_{rot}	Anregungsfrequenz für ein Rotationsniveau	s^{-1}
ω_{vib}	Anregungsfrequenz für ein Vibrationsniveau	s^{-1}

1. Einführung

1.1. Ausgangslage

Seit der Realisierung des ersten Rubinlasers durch Maimon im Jahr 1960 eröffnete die rasante Entwicklung von unterschiedlichen Laserstrahlquellen hinsichtlich ihrer Pulslänge, Strahlqualität, Wellenlänge, Repetitionsrate und der mittleren Leistung eine Vielzahl von neuen Anwendungsfeldern im Bereich der Medizin–, Meß– und Fertigungstechnik. Die Steigerung der mittleren Strahlleistung und der Strahlqualität von kontinuierlich gepumpten Systemen, wie z.B. des Nd:YAG–Lasers und des CO_2–Lasers, erlauben das Laserschneiden und –schweißen mit hohen Prozeßgeschwindigkeiten, so daß diese Verfahren bereits in die industrielle Fertigung eingeführt werden konnten. Gepulste Festkörperlaser mit Pulsdauern im Millisekundenbereich haben im Vergleich zu den cw-Lasern eine geringere mittlere Leistung, jedoch verfügen diese über eine hohe Pulsspitzenleistung, so daß als erste fertigungstechnische Anwendung das Bohren untersucht wurde. Aufgrund der Pulsdauern im Millisekundenbereich kommt es aber zur Ausbildung eines ausgeprägten Schmelzbades. Als Folge setzen Schmelzaufwürfe an den Rändern der bestrahlten Zone und Schmelzspritzer die Qualität des Berarbeitungsergebnisses herab.

Die Entwicklung von Kurzpulslasern mit Pulsdauern im Bereich von einigen Nanosekunden, wie z.B. die gütegeschalteten und diodengepumpten Festkörperlaser mit oder ohne Frequenzvervielfachung oder die Excimerlaser, ermöglichte das Abtragen, Bohren und Strukturieren von Keramiken und Polymeren im Submillimeterbereich. Aufgrund der kurzen Pulsdauern wird der Werkstoff, im Gegensatz zu Pulsdauern im Millisekundenbereich, kaum thermisch geschädigt und beeinflußt, so daß Werkstoffe mit hoher Präzision bearbeitet werden können. Gerade der fortschreitende Drang nach Miniaturisierung von Funktionselementen u.a. in der Sensortechnik, der Medizintechnik und der Leiterplattentechnik begünstigt den Einsatz dieser Laserstrahlquellen. Im Vergleich zu konkurrierenden Verfahren, wie z.B. dem Plasmaätzen, mögen die Laserverfahren, trotz eines qualitativen Vorteils noch zu teuer sein, jedoch zielen aktuelle Forschungsvorhaben darauf ab, durch einen effektiveren Einsatz von optischen Komponeten bei der Strahlführung und -formung bzw. durch Untersuchung neuer Verfahrensstrategien diesen Wettbewerbsnachteil zu verringern.

Die Anwendung neuentwickelter Laserstrahlquellen führt in der Regel zu neu auftretenden physikalischen Phänomenen, deren Verständnis Voraussetzung ist, um Laserstrahlquellen in die industrielle Fertigung einzuführen und für den jeweiligen Anwendungsfall ein geeignetes Prozeßfenster zu finden. Ein probates Mittel ist dabei die Durchführung einer Vielzahl von experimentellen Parameterstudien. Beim Abtragen kann beispielsweise die Energiedichte auf der Werkstückoberfläche, die Repetitionsrate und Fokussierung bei unterschiedlichen Umgebungsgasatmosphären variiert werden. Bei der Anschaffung der Laserstrahlquelle ist man jedoch bereits in der Regel auf eine bestimmte Puls– und

Wellenlänge festgelegt, so daß im Vorfeld einer Strahlquellenanschaffung das Prozeßfenster durch Simulation eingegrenzt werden sollte. Weiterhin erfordern experimentelle Parameterstudien gegenüber Simulationsrechnungen einen hohen personellen und finanziellen Aufwand, so daß auch unter diesem Gesichtspunkt eine Einengung des zu variierenden Parametersatzes durch Simulationsrechnungen zur Bestimmung des günstigsten Prozeßfensters sinnvoll ist.

In allen Bereichen der Lasermaterialbearbeitung sind somit für die Erweiterung des physikalischen Verständnisses des Prozesses und der Festlegung eines optimalen Prozeßfensters Modellrechnungen sehr hilfreich. Auch wenn aufgrund der Komplexität der physikalischen Gegebenheiten eine vollständige, ganzheitliche Beschreibung aller auftretenden Phänomene schwierig ist, da z.B. beim Abtragen wegen der kurzen Pulsdauer meist instationäre Vorgänge und Nichtgleichgewichtsprozesse auftreten, so lassen sich dennoch Tendenzen aufzeigen, die aussagefähig genug sind, um in Experimenten die zu variierende Parametervielfalt einzugrenzen.

Hieraus resultiert die Motivation, ein Modell für das Laserabtragen zu entwickeln, welches einerseits detailliert genug ist, einzelne neue und nicht verstandene physikalische Phänomene wie z.B. die Clusterkondensation, die Miestreuung und die Extinktion in der Materialdampfwolke zu simulieren, andererseits aber auch durch die Verknüpfung einzelner Programmteile zu einem ganzheitlichen Modell umfassend genug ist, um ingenieurwissenschaftliche Aspekte wie z.B. Prozeßeffektivität, Verfahrensstrategien usw. zu studieren. Die Kombination aus Modellierung von physikalischen Phänomenen und von verfahrensrelevanten Aspekten führt dahin, die Effektivität[1] und Qualität des Laserabtragens beeinflussende Faktoren zu identifizieren, um letztendlich die Wettbewerbsfähigkeit des Verfahrens zu erhöhen.

1.2. Phänomenologische Beschreibung des Laserabtragens

Die theoretischen und experimentellen Untersuchungen zu den Wechselwirkungsmechanismen zwischen Laserstrahl und bearbeitetem Werkstoff, zu den physikalischen Wirkungsprinzipien beim laserinduzierten Verdampfungsprozeß und zur Expansion des verdampften Materials sind nahezu so alt wie der Laser selbst. Auf dem Gebiet der modellhaften Beschreibung des Verdampfungsprozesses sind vor allem Arbeiten von Anisimov [1,2], Prokhorov [3] und Knight [4] wegweisend. Mit der Einführung des Lasers als industriellem Werkzeug für das Abtragen erfuhr die Modellierung des laserinduzierten Ablationsprozesses Ende der 80–er bzw. Anfang der 90–er Jahre eine Renaissance. Dies belegt eine Auswertung der Kurzzusammenfassungen aller Veröffentlichungen zum Gebiet des Laserabtragens in Physics Abstracts und Chemistry Abstracts [5]. Ungefähr 80% aller Arbeiten zu diesem Thema wurden nach 1985 veröffentlicht. Arbeiten z.B. von Chan und Mazumder [6], Aden et al. [7,8], Smurov et al. [9], Luk'yanchuk et al. [10,11] und Mazhukin und Samarskii, zusammengefaßt in [12], führten zu einem tieferen physikalischen Verständnis des Laserabtragens mit gepulsten Lasern bei Pulsdauern von einigen

---

[1]Im Rahmen dieser Arbeit wird Effektivität definiert als das Verhältnis von Energie, die zum Abtragen eines bestimmten Werkstoffvolumens benötigt wird, zur beaufschlagten Laserpulsenergie.

Nanosekunden bis zu einigen Millisekunden. Die modellhafte Beschreibung beschränkt sich hierbei auf die Lösung der eindimensionalen Wärmeleitungsgleichung unter Berücksichtigung sich bewegender Phasengrenzen zwischen den Aggregatzuständen fest–flüssig und flüssig–gasförmig. An diesen Grenzen gilt die Energieerhaltung, d.h. hier muß die Differenz von hineinfließender und abfließender Wärmemenge gerade der Schmelz– bzw. Verdampfungsenthalpie betragen. An der Werkstückoberfläche, die normalerweise durch die Phasengrenze flüssig–gasförmig beschrieben und auch als Verdampfungsfront bezeichnet wird, entspricht die hineinfließende Wärmemenge der an der Oberfläche absorbierten Laserintensität.

Mit dem Einsatz von Laserstrahlquellen, deren Pulsdauern nur einige hundert Femtosekunden bis einige Pikosekunden betragen, zeigte sich frühzeitig, daß die Beschreibung der Wärmeleitungsgleichung mit dem Einflüssigkeitsmodell, das voraussetzt, daß das Elektronensystem mit dem Phononensystem im thermischen Gleichgewicht steht, nicht mehr ausreicht. Die Energie wird vielmehr zunächst in das Elektronensystem eingekoppelt und erst nach einer charakteristischen Zeitdauer, die durch eine Kopplungskonstante festgelegt ist, an das Phononensystem übertragen. Berechnungen beispielsweise von Qiu et al. [13], Körner et al. [14] und Hüttner et al. [15] zeigen trotz unterschiedlicher Vorgehensweisen, daß die Wärme unter Berücksichtigung des Zweitemperaturmodells sehr viel tiefer in den Werkstoff eindringt als unter der Annahme eines Gleichgewichtszustandes.

Die Steigerung der Pulsspitzenintensität der Laser führte zu einem weiteren Grenzbereich der Beschreibbarkeit des laserinduzierten Verdampfungsprozesses mittels der klassischen Wärmeleitungstheorie mit wohldefinierten Phasenübergängen. Oberhalb einer bestimmten Pulsspitzenintensität überschreitet die Oberflächentemperatur gemäß den klassischen Berechnungen die kritische Temperatur. An diesem Punkt verschwinden die festen Phasengrenzen zwischen den Aggregatzuständen. Prokhorov et al. [3] erkannten bereits im Jahr 1973 diese Problematik und versuchten sie dadurch zu umgehen, daß sie eine neue Grenzfläche, die sogenannte Dielektrizitätsfront, einführten. An dieser Front, kurz vor dem Erreichen der kritischen Temperatur, sinkt der Absorptionskoeffizient auf null. Dadurch kann in der darüber liegenden Schicht keine Laserenergie mehr absorbiert werden und die Temperatur nicht mehr steigen. Nach dieser Vorstellung ist die kritische Temperatur beim Laserabtragen nicht erreichbar.

Kelly et al. [16] verweisen auf die Theorie der Phasenexplosion, um damit zu begründen, daß die Temperatur der flüssigen Phase die kritische Temperatur nicht überschreiten kann. Nach dieser Theorie kommt es etwa bei 90% der kritischen Temperatur zur schlagartigen Bildung von Tröpfchen und Dampfblasen. Das Material an der Werkstückoberfläche bzw. unmittelbar unterhalb dieser verwandelt sich bei diesem Temperaturbereich demnach in ein Gemisch aus Dampf und Tropfen, und eine ebene Phasengrenze liegt nicht mehr vor. Eine weitere Erwärmung des Gemisches führt zu einer Volumenzunahme und damit zum Abströmen des Werkstoffmaterials.

Ungeachtet der Diskussion um tatsächlich auftretenden Mechanismen, ob es beispielsweise eine feste ebene Phasengrenze beim Abtragen gibt, eine Dielektrizitätsfront entsteht oder es zur Phasenexplosion kommt, expandiert das erhitzte Material und komprimiert, falls nicht im Vakuum gearbeitet wird, das umgebende Gas. Die Wechselwirkung des abströmenden Materials mit der einfallenden Laserstrahlung führt zu einer Ionisierung des Dampfes und zur Ausbildung eines Plasmas. Die Kompression der umgebenden Atmosphäre verursacht eine Temperaturerhöhung des Umgebungsgases hinter der Stoßfront,

das ebenfalls ionisiert werden kann. Bei Gasen, die aus mehratomigen Moleklen bestehen, kommt es zur Dissoziation. Darüber hinaus kommt es aufgrund der adiabatischen
Expansion im übersättigten Dampf zur Kondensation.

Eine nahezu vollständige Beschreibung aller plasma- und hydrodynamischen Mechanismen, die in sehr dichten und heißen Gasen auftreten, konnte bereits unabhängig von
der Entdeckung des Lasers entwickelt werden und ist in [17] zusammengefaßt. Um auch
die beim Abtragen mit Kurzpulslasern oberhalb der Werkstückoberfläche auftretenden
Phänomene zu modellieren, ist es deshalb meist nicht notwendig, neue Theorien aufzu-
stellen, sondern es genügt, Bekanntes auf diesen Bereich anzuwenden. Bestehende Modelle,
die die Expansion des Materialdampfs simulieren, berücksichtigen als Wechselwirkungs-
mechanismus weitgehend nur die inverse Bremsstrahlung. Mit diesen Modellen konnte
mit befriedigender Übereinstimmung mit dem Experiment die abschirmende Wirkung
des Plasmas beim Bearbeiten mit langwelliger Laserstrahlung ($\lambda \gg 1\mu m$) gefunden werden [18]. Die abschirmende Wirkung macht sich insbesondere dadurch bemerkbar, daß
trotz einer Steigerung der Energiedichte die abgetragene Masse nicht weiter ansteigt und
sogar abnehmen kann, da der überwiegende Teil der Laserstrahlung in der Wechselwirkungszone oberhalb der Materialoberfläche bereits absorbiert wurde. Aber auch beim
Abtragen mit Excimerlasern wurde ein Sättigungsverhalten der Abtragsrate mit steigender Energiedichte festgestellt [19]. Dort wird versucht, über die Multiphotonenabsorption
die Abschwächung zu erklären, da im UV-Bereich die Photonenenergie scheinbar hoch
genug ist, die Atome direkt zu ionisieren.

Neben der Herabsetzung der Effektivität aufgrund der abschirmenden Wirkung der Dampf/
Plasmawolke können die strömungsmechanischen Gegebenheiten in der Wolke auch die
Abtragsqualität beeinflussen. Schon frühzeitig nach der Einführung des Excimerlasers als
Werkzeug [20] zeigten Hochgeschwindigkeitsaufnahmen beim Abtragen mit Polymeren,
daß lange nach Pulsende das Material langsam nach oben, d.h. in Richtung des Laserstrah-
les abströmt und sich anschließend auf der Probenoberfläche verteilt. Der Niederschlag,
der auch als Debris bezeichnet wird, stört vor allem bei der Leiterplattenfertigung, da
Leiterbahnen, die eigentlich voneinander isoliert sein sollten, durch die Debris kontaktiert
werden können.

Die hier in Kürze dargestellten beim Laserabtragsprozeß auftretenden Phänomene zeigten,
daß eine Fülle physikalischer Themengebiete bewältigt werden muß, um ein umfassendes
Verständnis des Prozesses zu erlangen. In dieser Arbeit können nicht alle Aspekte behandelt werden, vielmehr wird Wert darauf gelegt, daß neben der Modellierung der wichtigsten physikalischen Mechanismen auch verfahrensrelevante Probleme simuliert werden, so
daß sich neue Erkenntnisse hinsichtlich des Einsatzes des gepulsten Lasers als Werkzeug
ableiten lassen.

1.3.   Qualität und Effektivität des Laserabtragens

Grundlagenuntersuchungen zum Abtragen mit Kurzpulslasern, in denen die Abtragsmenge pro Puls[2] in Abhängigkeit von der Energiedichte oder der Pulsspitzenintensität gemessen wurde, zeigen werkstoffunabhängig, daß es keinen linearen Zusammenhang zwischen

---

[2]Wird auch als Abtrags- oder Bohrrate bezeichnet.

der Intensitätssteigerung und der Abtragsrate gibt [18,19,21]. In der Regel kommt es nach
Erreichen der Abtragsschwelle, die bei einer Excimerlaserbearbeitung von Metallen und
Keramiken typischerweise zwischen $1,5\ J/cm^2$ und $2,5\ J/cm^2$ liegt [24], zunächst zu einem linearen Anstieg der Abtragsrate in Abhängigkeit von der Energiedichte. Eine weitere
Steigerung der Energiedichte – bei Excimerlasern ab etwa $10 - 15\ J/cm^2$ – führt jedoch
meistens zu einem Sättigungsverhalten, so daß die Effektivität des Bearbeitungsprozesses
reduziert wird. Bei Werten der Energiedichte deutlich über $40\ J/cm^2$ kommt es wieder
zu einem starken Anstieg der Abtragsrate [22]. Dies ist darauf zurückzuführen, daß der
bei Metallen entstehende Schmelzfilm aufgrund eines sich verstärkenden Rückstoßdruckes
ausgetrieben wird [23]. Dadurch wird zwar die Effektivität gesteigert, jedoch nimmt die
Qualität des Bearbeitungsresultats wegen der sich bildenden Schmelzgrate ab. In dieser
Arbeit wird nur der Bereich untersucht, in dem der Abtrag durch Verdampfung dominiert
wird.

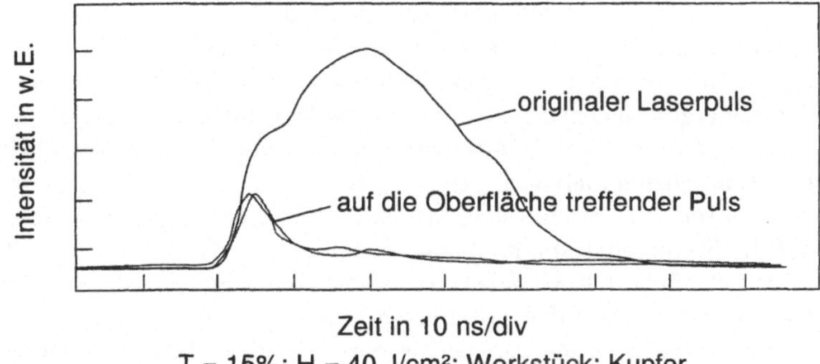

Abb. 1.1.: Zeitlicher Verlauf des originalen Laserpulses eines KrF–Excimerlasers und der
Verlauf der transmittierten Intensität [25].

Transmissionsmessungen in der Wechselwirkungszone oberhalb der Werkstückoberfläche
bei der Bearbeitung von Polymeren, Keramiken und Metallen bestätigen die Hypothe-
se, daß das Sättigungsverhalten beim Abtragen mit Excimerlasern auf die abschirmende
Wirkung des Plasma/ Dampfgemischs zurückzuführen ist. So zeigen Ergebnisse aus Experimenten, die die Transmission der einfallenden Strahlung durch eine Beobachtungsa-
pertur im Zentrum der bestrahlten Fläche messen, deren Radius wesentlich kleiner ist als
der Strahlradius, daß bei zirka $40\ J/cm^2$ etwa 85% der Laserenergie nicht die Materialoberfläche erreicht [25]. Ein typisches Ergebnis einer solchen Messungen ist in Abb. 1.1
wiedergegeben.

Wird die Fläche unter der Kurve, die den transmittierten Intensitätsverlauf markiert,
in das Verhältnis zur Fläche unter der Kurve des originalen Laserpulses gesetzt, welche
die gesamte Pulsenergie repräsentiert, so errechnet sich daraus der Transmissionsgrad
der Dampf/ Plasmawolke oberhalb der Targetoberfläche. Für Energiedichten in der Nähe
der Schwelle ist der abgeschirmte Pulsverlauf nahezu deckungsgleich mit dem originalen
Laserpulsverlauf. Mit steigender Energiedichte nimmt auf der Materialoberfläche die Intensität schnell den in Abb. 1.1 präsentierten Verlauf an. Diese Messungen bestätigten
das Sättigungsverhalten der Abtragsrate bei höheren Energiedichten. Letztendlich läßt

sich ein Effektivitätsmaximum bei zirka 10 J/cm^2 für KrF–Laserbearbeitung von Kupfer aus diesen Untersuchungen ableiten [26].

Daß der abgeschwächte Anteil der Pulsenergie vom Dampf/ Plasmagemisch absorbiert wird, zeigen Messungen der laserinduzierten Stoßwellengeschwindigkeit mit Hilfe von Hochgeschwindigkeitsaufnahmen in Verbindung mit der Auswertung dieser Meßergebnisse mit einem analytischen Stoßwellenmodell [27]. Die Ausbreitung der Stoßwellen wurde unter Ausnutzung der Schlieren– und Schattenfotografietechnik aufgezeichnet [28]. Die Berechnung des Energieinhaltes der Stoßwelle mit dem Stoßwellenmodell ergibt einen Betrag von zirka 80% der verfügbaren Laserpulsenergie bei einer Energiedichte von 45 J/cm^2. In Übereinstimmung mit den Transmissionsmessungen wurde damit deutlich, daß der nicht transmittierte Energieanteil nicht am Plasma reflektiert oder gestreut, sondern von diesem absorbiert wird [29].

Daß der über der Materialoberfläche expandierende Dampf nicht nur die Effektivität des Abtragens beeinflußt, sondern auch die Qualität des Abtragsresultats, offenbaren Debrisuntersuchungen beim Abtragen von Polymeren [30]. Je nach eingestelltem Umgebungsdruck, Art des Umgebungsgases und beaufschlagender Energiedichte läßt sich das Gebiet der niedergeschlagenen Ablationsrückstände variieren. Ein konkreter Zusammenhang zwischen Radius und Druck, Adiabatenexponenten bzw. der Energiedichte ist wiederum über das Stoßwellenmodell nach Sedov gegeben [27]. Um diese Ablationsrückstände zu vermeiden, wurde auf verschiedene Art und Weise mittels externer Gasströmungen versucht, auf die Niederschlagsbildung einzuwirken [31,32]. Eine genauere Untersuchung der Ablationsrückstände bei Metallen und Keramiken zeigt, daß der Niederschlag nicht nur aus kondensiertem Dampf, sondern auch aus Clustern von einigen Nanometern Durchmesser besteht [33,34]. Größe und Dichte dieser Cluster hängen wiederum von den gewählten Prozeßparametern ab.

Eine Verminderung der Qualität des Abtragsresultats ergibt sich jedoch nicht nur aufgrund der Debrisbildung, sondern auch durch Herabsetzung der Exaktheit der gewünschten Strukturen. Die Auswertung der Geometrie und Topographie der abgetragenen Strukturen beim Bearbeiten mit Excimerlasern zeigte trotz eines homogenen Strahlprofils Vertiefung an den Rändern der laserbeaufschlagten Fläche. Dies wird bei Keramiken und Metallen [24] und auch bei dielektrischen Materialien [35] beobachtet. Die Ursache dieser Strukturen, die in der Literatur auch als "Dog Ears" oder "W–Form" bekannt sind, ist noch nicht geklärt. So wird der Einfluß von Laserstrahlinhomogenitäten, höhere Abschirmung im Dampf/ Plasmagemisch entlang der optischen Achse und Vielfachreflexionseffekte an den Abtragswänden diskutiert.

1.4.   Zielsetzung der Arbeit

Aus der im vorausgestellten Abschnitt dargestellten Problematik ergibt sich das Ziel dieser Arbeit. Dieses ist, den Materialabtrag durch gepulste Laserstrahlung mit Pulsdauern im Bereich von einigen Nanosekunden unter Einbeziehung neu erkannter physikalischer Randbedingungen modellmäßig zu erfassen. Der Komplexität der Thematik Rechnung tragend werden schmelzbaddynamische Aspekte in der Wechselwirkungszone nicht berücksichtigt. Nichtsdestotrotz lt sich eine Fülle neuer Erkenntnisse zum Abtragen mit Excimerlasern ableiten.

Durch die numerische Modellierung des dreidimensionalen Abtrags und der plasma– und gasdynamischen Gegebenheiten oberhalb der Materialoberfläche soll schließlich die Voraussetzung geschaffen werden, im Falle von Kurzpulslasern für unterschiedliche Werkstoffe und Parameter den Materialabtrag zu berechnen und ein tieferes Prozeßverständnis der abschirmenden Wirkung des Materialdampfes zu entwickeln, so daß die Energieflüsse aufgezeigt und die die Effektivität bestimmenden Mechanismen explizit dargestellt werden können.

Weiterhin sollen durch Verwendung eines dreidimensionalen statt eines für die Energieflußberechnung ausreichenden eindimensionalen Abtragsmodells geometrische Einflußfaktoren untersucht werden. Insbesondere sollen die Auswirkungen der Vielfachreflexion an den Wänden der erzeugten Strukturen, des Überlappungsgrades beim Abtragen mit Werkstückvorschub und des Strahlprofils auf das Abtragsresultat aufgezeigt werden. Damit kann letztendlich die Abtragseffektivität, –qualität und –geometrie beschrieben werden, was eine werkstück– und anwendungsspezifische Optimierung der Prozeßparameter erlaubt.

Die in dieser Arbeit vorgestellten Modellrechnungen sollen sich im wesentlichen nur auf das Abtragen mit Excimerlasern beziehen. Im Gegensatz zu den kurzgepulsten Festkörperlasern mit einem gaußschen Strahlprofil, bei deren Verwendung eine vorgegebene Abtragsstruktur durch Abscannen der zu strukturierenden Zone gefertigt wird, wird bei den Excimerlasern der Strahl durch eine Maske so geformt, daß mit Hilfe einer Abbildungsoptik die vorgegebene Struktur großflächig durch mehrmaliges Bestrahlen auf die selbe Stelle eingeprägt wird. In das Modell für den dreidimensionalen Materialabtrag müssen deshalb die spezifischen Gegebenheiten der abbildenden Bearbeitung, die auch als Maskenprojektionsverfahren bezeichnet wird, einfließen.

Aufgrund der unterschiedlichen Verfahrensstrategien beim Abtragen mit Excimerlasern gegenüber den kurzgepulsten Festkörperlasern ist eine Übertragung der im Abschnitt 3 erhaltenen Ergebnisse beim Abtragen mit Excimerlasern auf das Abtragen mit den kurzgepulsten Festkörperlasern nicht immer möglich. Eine Übertragung der gewonnen Erkenntnisse auf das Abtragen mit kurzgepulsten Festkörperlasern ist insbesondere jedoch für die Abschnitte möglich, in denen die Wechselwirkungsprozesse zwischen Materialdampf und Laserstrahlung diskutiert werden.

1.5. Gliederung der Arbeit

Die Arbeit unterteilt sich in fünf Hauptabschnitte, die, wie die phänomenologische Beschreibung zeigte, in Zusammenhang zueinander stehen. So behandelt zunächst das Kapitel 2 das Modell, das die Menge des abgetragenen Materials und die daraus resultierende Abtragsgeometrie mit Hilfe der Lösung der dreidimensionalen Wärmeleitungsgleichung und dem Phasenübergang vom flüssigen in den gasförmigen Zustand berechnet. Im dritten Kapitel wird die Abtragsstruktur und –rate unter Einfluß der Parameter wie z.B. Fokuslage, Strahlprofil, Divergenzwinkel usw. untersucht.

Das in Kapitel 2 vorgestellte Modell ist zwar in der Lage, die Abtragsmenge zu berechnen, jedoch nicht die Expansion des verdampften Materials. Um die Ausbildung der Materialdampf/ Plasmawolke zu beschreiben, ist ein weiteres Modell nötig, welches in

Kapitel 4 präsentiert wird. Das Ausbreitungsverhalten unter dem Einfluß unterschiedlicher Gasarten und Umgebungsgasdrücke wird dort diskutiert. Im fünften Kapitel werden die Wechselwirkungsphänomene zwischen dem expandierenden Materialdampf und dem Strahlungsfeld des Lasers eingeführt, die auf die Materialdampfexpansion Auswirkungen haben. Des weiteren werden Ergebnisse diskutiert, die Antworten auf Fragen geben, die im Zusammenhang mit den Wechselwirkungsmechanismen aufgeworfen wurden und ebenfalls Motivation für diese Arbeit waren, wie z.B. die Kondensation von Metallclustern im Dampf.

Letztendlich bildet das sechste Kapitel eine Synthese aller benutzten Modelle. Mittels dieser ganzheitlichen Betrachtung werden dort Schlußfolgerungen gezogen, die erkennen lassen, welche Laserparameter die Effektivität des Laserabtragens beeinflussen.

2. Modellierung des strukturierenden Abtrags

2.1. Dreidimensionales Abtragsmodell

Für die Modellierung des strukturierenden Abtrags dient ein dreidimensionales Modell, welches im wesentlichen von Modest und Mitarbeitern entwickelt wurde. Ausgehend von einer quasi–eindimensionalen Beschreibung [36] wurde über ein zweidimensionales [37] und ein approximativ dreidimensionales Modell [38] ein vollständiges dreidimensionales Abtragsmodell entwickelt [39,40]. Gegenüber anderen dreidimensionalen Wärmeleitungsmodellen, die sowohl mittels Finite–Differenzen–Verfahren [41] als auch analytischen Methoden [42,43] nur das Temperaturfeld in einem laserbestrahlten Werkstück mit ebener Oberfläche berechnen, ist das hier verwendete Modell in der Lage, den Abtrag von Oberflächen beliebiger Topographie dreidimensional zu simulieren. Weitere frei wählbare Merkmale sind die Vorschubgeschwindigkeit, Laser mit gaußscher Intensitätsverteilung und die Einbeziehung von transienten Effekten, wie sie z.B. bei der Materialbearbeitung mit gepulsten Nd:YAG–Lasern auftreten [44].

Um der vorgegebenen Zielsetzung gerecht zu werden, wurde im Rahmen dieser Arbeit das Ausgangsmodell weiterentwickelt, so daß eine theoretische Betrachtung des Abtragsprozesses auch für die Mikrostrukturierung von Werkstoffen mit dem Maskenprojektionsverfahren realisierbar ist. Insbesondere wurden neben der gaußschen Intensitätsverteilung weitere verschiedene Intensitätsverteilungen mit Top–Head–Form modelliert, so daß die Berechnung des Abtrags mit Excimerlasern auch unter Verwendung verschiedener Maskengeometrien möglich ist [45,46]. Darüber hinaus bezog sich aufgrund des gesetzten Ziels eine weitere Entwicklung des Programms auf eine bessere Beschreibung der Verdampfungskinetik, wie sie üblicherweise für die Modellierung des eindimensionalen Verdampfungsprozesses von Metallen verwendet wird. Im folgenden sollen die physikalischen Grundlagen des Abtragsmodells dargestellt werden.

2.1.1. Physikalische Basis des Abtragsmodells

Zur Veranschaulichung der Problematik ist in Abb. 2.1 eine Skizze dargestellt, welche die geometrischen Verhältnisse aufzeigt, die im Modell zur Simulation einer beliebigen Abtragstopographie berücksichtigt werden müssen. Zunächst muß die Propagation, die Intensitätsverteilung und der zeitliche Intensitätsverlauf der Laserstrahlung modelliert werden. Über den Auftreffwinkel des Energiestromdichtevektors $\mathbf{F_{dir}}$ lassen sich die absorbierten Anteile berechnen. Die Vielfachreflexionsberechnung wird in Abschnitt 2.1.4 erläutert. Die im Material absorbierte Energie führt zu einer Erhöhung der Temperatur an der Werkstückoberfläche. Aufgrund der Wärmeleitung wird auch innerhalb einer

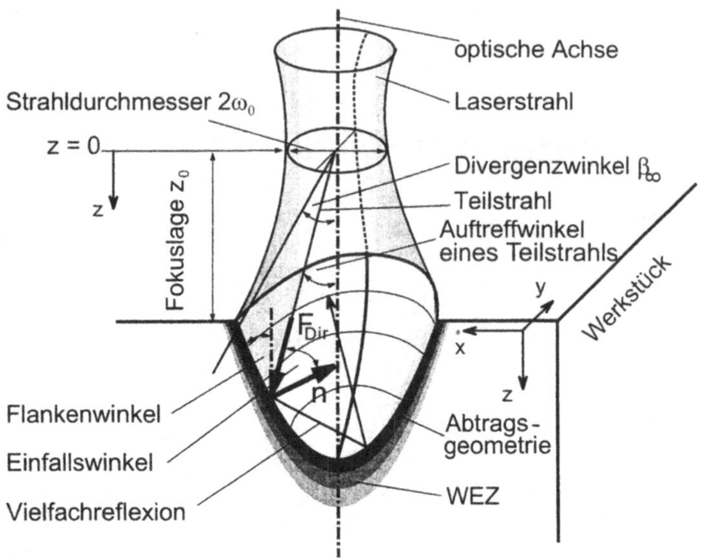

Abb. 2.1.: Modellhafte Vorstellung der relevanten geometrischen Gegebenheiten für die dreidimensionale Abtragsgeometrieberechnung.

charakteristischen Abmessung, die als Wärmeeindringtiefe bezeichnet wird, umgebendes Werkstoffmaterial erwärmt. Der Bereich des erwärmten Materials wird als Wärmeeinflußzone WEZ definiert.

Analog zur eindimensionalen Modellierung des laserinduzierten Abtragsprozesses von Metallen, wie z.B. in [12] beschrieben, muß die Wärmeleitungsgleichung für das dreidimensionale Problem

$$\varrho_{liq} c_{liq} \frac{\partial T}{\partial t} \;=\; \nabla \cdot (\lambda \nabla T) + q_l''' \tag{2.1}$$

unter Berücksichtigung passender Rand- und Anfangsbedingungen gelöst werden. Für semi–transparente Materialien kennzeichnet q_l''' die freigesetzte Wärmemenge pro Volumen und Zeiteinheit aufgrund der Volumenabsorption, welche mittels des Lambert–Beerschen Gesetzes berechnet wird. In der dreidimensionalen Formulierung des laserinduzierten Verdampfungsprozesses beinhaltet q_l''' zusätzlich zur direkt eingestrahlten Laserenergie noch die aus verschiedenen Raumrichtungen kommenden indirekten Strahlanteile, die aufgrund von Vielfachreflexion einen weiteren Beitrag zu der lokalen Wärmebilanzbetrachtung (2.1) liefern. Im Fall der Volumenabsorption ist die passende Randbedingung durch

$$x \to \pm\infty, \quad y \to \pm\infty, \quad z \to +\infty: \quad T = T_\infty \tag{2.2}$$

$$z = s(x,y): \quad 0 \;=\; -\hat{\mathbf{n}}\,(\lambda \nabla T) + v_n \varrho_{liq} h_v \tag{2.3}$$

gegeben. Gleichung (2.3) stellt die Stefansbedingung dar, welche besagt, daß eine Kühlung an der Oberfläche $z = s(x,y)$ nur durch das verdampfende Material, welches die Energiestromdichte $v_n \varrho_{liq} h_v$ besitzt, gegebenen ist. Ohne Verdampfung ($v_n = 0$) ist der Temperaturgradient null, so daß keine Wärme an die Umgebung abgegeben wird. Beim Einsetzen der Verdampfung wird die Oberfläche abgekühlt, so daß das Maximum der Temperatur innerhalb des Werkstücks liegt. Bei Materialien, die eine geringe Wärmeleitfähigkeit und eine große optische Eindringtiefe haben ist dies besonders stark ausgeprägt [47].

Für Metalle kann jedoch in der Regel eine Oberflächenwärmequelle vorausgesetzt werden, da die optische Eindringtiefe der Laserstrahlung sehr klein ist. Aufgrund der Diskretisierung bei der Verwendung eines numerischen Lösungsverfahrens ist der Knotenabstand an der Oberfläche in der Regel größer als die optische Eindringtiefe, so daß die gesamte absorbierte Laserintensität nur den Oberflächenknoten zugeschlagen werden kann und schon aus diesem Grunde bei der Modellierung für Metalle die Randbedingung für eine Oberflächenwärmequelle Gültigkeit hat. Erst beim Abtragen dünner Schichten von wenigen 100 nm ist eine Betrachtung der Volumenabsorption auch bei Metallen notwendig [48,49,23]. Im Falle der Oberflächenwärmequelle ist die Randbedingung durch

$$x \to \pm\infty, \quad y \to \pm\infty, \quad z \to +\infty : \quad T = T_\infty \tag{2.4}$$

$$z = s(x,y) : \quad \mathbf{AF} \cdot \hat{\mathbf{n}} = -\hat{\mathbf{n}}\left(\lambda\nabla T\right) + v_n \varrho_{liq} h_v \tag{2.5}$$

gegeben. Hier wird die an der Oberfläche absorbierte Laserintensität $\mathbf{AF} \cdot \hat{\mathbf{n}}$ direkt durch Wärmeleitung $\hat{\mathbf{n}}\left(\lambda\nabla T\right)$ und durch Aufwendung der zur Verdampfung benötigten Energie $v_n \varrho_{liq} h_v$ aufgebraucht. Die im Volumen aufgenommene Wärmeleistung q_l''' ist natürlich in diesem Fall null.

Die passende Anfangsbedingung für beide Fälle ist zum Beispiel durch

$$t = 0 : \quad T(x,y,z,0) = T_\infty, \quad s(x,y,0) = 0 \tag{2.6}$$

gegeben, womit ausgesagt ist, daß zu Beginn der Bearbeitung eine ebene Oberfläche vorhanden ist und das Werkstück die Raumtemperatur T_∞ besitzt.

Gegenüber der eindimensionalen Beschreibung muß bei der dreidimensionalen Vorgehensweise darauf geachtet werden, daß Teilstrahlen des gesamten Laserstrahls mit der Intensität $|\mathbf{F}|$ und der Einfallsrichtung $\mathbf{F}/|\mathbf{F}|$ unter verschiedenen Einfallswinkeln (z.B. reflektierte Anteile) auf ein Oberflächenelement mit dem zugehörigen Einheitsvektor der Oberflächennormalen $\hat{\mathbf{n}}$ trifft. Der Einfallswinkel ist 90° abzüglich der Summe aus Auftreffwinkel und Flankenwinkel, wobei der Flankenwinkel hier als Winkel zwischen der optischen Achse und der Wand definiert ist und der Auftreffwinkel als Winkel zwischen der Oberflächennormalen und dem einfallenden Teilstrahl. Der absorbierte Anteil der Intensität eines betrachteten Teilstrahls ist gerade die Projektion von $\mathbf{AF}$ auf $\hat{\mathbf{n}}$. Die gesamte absorbierte Energiemenge ist dann genau das Integral über alle auftreffenden durch Teilstrahlen transportierten Energieportionen. Daß es für die dreidimensionale Vorgehensweise zweckmäßig ist, die auf die Werkstückoberfläche auftreffende Laserenergie nicht durch die Intensität als eine skalare Größe, sondern durch die vektorielle Größe einer Energiestromdichte $\mathbf{F}$ zu beschreiben, wird sich im weiteren noch verdeutlichen.

Die Stefansbedingung (2.3) bzw. (2.5) würde zur Lösung des Wärmeleitungsproblems (2.1) ausreichen, wenn $v_n = 0$ ist. Kommt es jedoch zu einem Abtrag, so muß eine weitere Gleichung den Massenstrom pro Flächeneinheit $v_n \varrho_{liq}$ berechnen. Im Ausgangsmodell wurde dieses Problem durch ein einfaches Arrheniusgesetz

$$v_n = C_1 \exp\left[C_3\left(1 - \frac{T_{eva}}{T_L}\right)\right] \tag{2.7}$$

approximiert. Die Konstanten C_1 und C_2 konnten frei gewählt werden. Unter Verwendung der Clausius–Clapeyronschen Dampfdruckkurve

$$p_L = p_0 \exp\left[\frac{h_v}{R_{werk}}\left(\frac{1}{T_{eva}} - \frac{1}{T_L}\right)\right] \tag{2.8}$$

und einer kinetischen Betrachtung des Verdampfungsprozesses [4] lassen sich die Konstanten C_1 und C_2 direkt aus Materialeigenschaften, der Oberflächentemperatur und den Umgebungsbedingungen berechnen. Wird eine Abströmgeschwindigkeit des verdampfenden Materials mit der Machzahl $M = 1$ angenommen, so ergibt sich die Verdampfungsfrontgeschwindigkeit für $T_L \geq T_{eva}$ zu:

$$v_n = 0.815\frac{p_L}{\varrho_{liq}}\sqrt{\frac{1}{2\pi R_{werk}T_L}} \quad . \tag{2.9}$$

Für $T_L < T_{eva}$ ist $v_n = 0$. Da die Verdampfungskinetik unmittelbar als Randbedingung in die Beschreibung der gasdynamischen Gegebenheiten eingeht, sollen diese Zusammenhänge erst in Abschnitt 4.2.3 genauer erläutert werden. An dieser Stelle soll genügen, daß mittels der beiden obigen Gleichungen das Wärmeleitungsproblem inklusive aller Rand- und Anfangsbedingungen vollständig gelöst werden kann.

2.1.2. Lösung der problembeschreibenden Gleichungen

Eine umfassende Darstellung des Verfahrens zur Lösung der im vorhergehenden Kapitel präsentierten Wärmeleitungsgleichung unter den gegebenen Rand- und Anfangsbedingungen würde den Rahmen dieser Arbeit sprengen. Im folgenden wird nur auf die prinzipielle Vorgehensweise eingegangen (die Programmbeschreibung [50] ist allerdings nicht allgemein zugänglich).

Abb. 2.2 stellt eine schematische Übersicht des im Abtragsmodell verwendeten Lösungsverfahrens dar. Die das physikalische Problem beschreibenden Gleichungen werden zunächst auf eine dimensionslose Darstellung umgeformt. So wird beispielsweise die Temperatur mit Hilfe der Verdampfungstemperatur T_{eva} und der Raumtemperatur T_∞ normiert. Die normierte Temperatur heißt Kirchhoffsche Temperatur und hat die Form:

$$\theta = \frac{\int_{T_\infty}^{T}\lambda(T)dT}{\int_{T_\infty}^{T_{eva}}\lambda(T)dT} \quad . \tag{2.10}$$

Wird die Temperaturabhängigkeit der Wärmeleitfähigkeit vernachlässigt, so reduziert sich die obige Gleichung auf

$$\theta = \frac{T - T_\infty}{T_{eva} - T_\infty} \quad . \tag{2.11}$$

Die Topographie des Abtrags wird mit Hilfe eines adaptiven Gitters im raumfesten Bezugssystem (x, y, z) visualisiert. Zur Berechnung der Gleichungen wird eine Koordinatentransformation auf ein euklidisches Rechengitter (ξ, η, ζ) durchgeführt und die Wärmeleitungsgleichung mit den Randbedingungen auf die euklidische Darstellung umgeformt. Damit ist trotz eines aufgrund des tiefen Abtrags stark verbogenen physikalischen Gitters eine stabile numerische Berechnung weiterer Zeitschritte möglich.

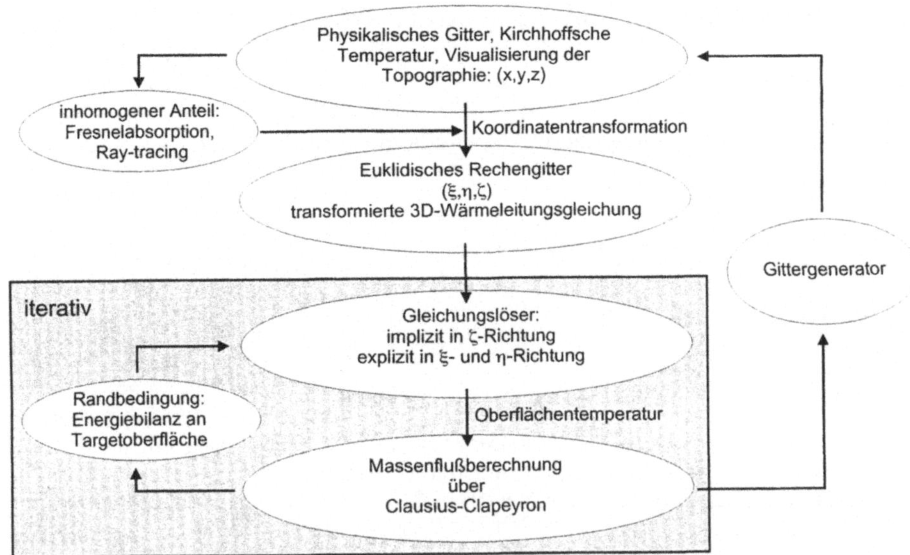

Abb. 2.2.: Schematische Darstellung des Lösungsverfahrens für das dreidimensionale Abtragsmodell.

Die transformierte Wärmeleitungsgleichung wird nun unter Berücksichtigung der Randbedingungen mit einem Gleichungslöser für jeden Zeitschritt mit einem halbimpliziten Algorithmus gelöst. Die Ableitungen der Temperatur $\partial\theta/\partial\zeta$ und $\partial^2\theta/\partial\zeta^2$ werden implizit diskretisiert, alle anderen Ableitungen werden explizit diskretisiert. Modest gibt folgende Erklärung für diese Vorgehensweise: je kleiner der Zeitschritt und je größer die Maschenweite des Gitters in der betrachteten Richtung ist, desto größer ist die Stabilität der expliziten Vorgehensweise. In ζ-Richtung muß die Maschenweite sehr klein gewählt werden, da in dieser Richtung hohe Temperaturgradienten auftreten. Um also für eine explizite Diskretisierung in dieser Richtung eine genügend hohe Stabilität zu erreichen, müssen sehr kleine Zeitschritte gewählt werden, so daß eine implizite Betrachtung notwendig ist. In horizontaler Richtung sind die Maschenweiten jedoch so groß, daß eine explizite Vorgehensweise unkritisch ist und sich keine Vorteile aus einer impliziten Behandlung ergeben.

Aufgrund der Randbedingung, die über die Energiebilanz an der Werkstückoberfläche gegeben ist und auch den Massenstrom des verdampften Materials beinhaltet und somit zu einem nichtlinearen Wärmeleitungsproblem führt, erfolgt die numerische Lösung iterativ. Ist die zur Oberflächentemperatur passende Abtragsrate iterativ ermittelt worden, so wird mit einem Gittergenerator ein neues Gitter erstellt, welches über eine Rücktransformation in das physikalische Gitter die neue Abtragsgeometrie darstellt.

Der inhomogene Anteil der Wärmeleitungsgleichung ist durch den absorbierten Anteil der eingestrahlten bzw. vielfachreflektierten Laserpulsenergie gegeben und wird über die Fresnelschen Formeln ermittelt. Das Modell ist in der Lage, optional einfallswinkel- und polarisationsrichtungsabhängige Absorptions- und Reflexionsgrade zu berechnen.

2.1.3. Modellierung der Intensitätsverteilung

Der Energiestromdichtevektor durch direkte Einstrahlung auf der Werkstückoberfläche $\mathbf{F}_{\mathbf{dir}}$ für einen mit Vorschubgeschwindigkeit u bewegten Laserstrahl mit einer gaußschen Intensitätsverteilungverteilung im TEM_{00}-Mode mit dem Strahlradius ω_0 in der Fokusebene z_0 ist durch

$$\mathbf{F}_{\mathbf{dir}} = \left(\frac{\omega_0}{\omega(z)}\right)^2 \frac{2P}{\pi\omega_0^2}\phi(t)\exp\left[-2\frac{(x-ut)^2+y^2}{\omega^2(z)}\right]\frac{\hat{\mathbf{s}}}{\hat{\mathbf{s}}\cdot\hat{\mathbf{k}}} \quad , \tag{2.12}$$

gegeben, wobei

$$\omega^2(z) = \omega_0^2 + \beta_\infty^2(z-z_0)^2 \tag{2.13}$$

den Strahlradius ω bei einer Fokuslage von z_0 wiedergibt.

Im Rahmen dieses Modells wird der Laserstrahl in viele Teilstrahlen mit der Richtung $\hat{\mathbf{s}}(x,y,z)$ aufgeteilt, wobei $\hat{\mathbf{s}}$ senkrecht auf der Phasenfront steht. Für einen Laser mit einer gaußschen Strahlpropagation gilt nach [50]

$$\frac{\hat{\mathbf{s}}}{\hat{\mathbf{s}}\cdot\hat{\mathbf{k}}} = \frac{x\hat{\mathbf{i}}+y\hat{\mathbf{i}}}{\sqrt{r_c^2-x^2-y^2}} + \hat{\mathbf{k}} \quad . \tag{2.14}$$

Die Teilstrahlen besitzen jeweils die gleiche Energiemenge. Die Anzahl der Teilstrahlen bestimmt dann den Energiefluß auf ein entsprechendes Oberflächenelement.

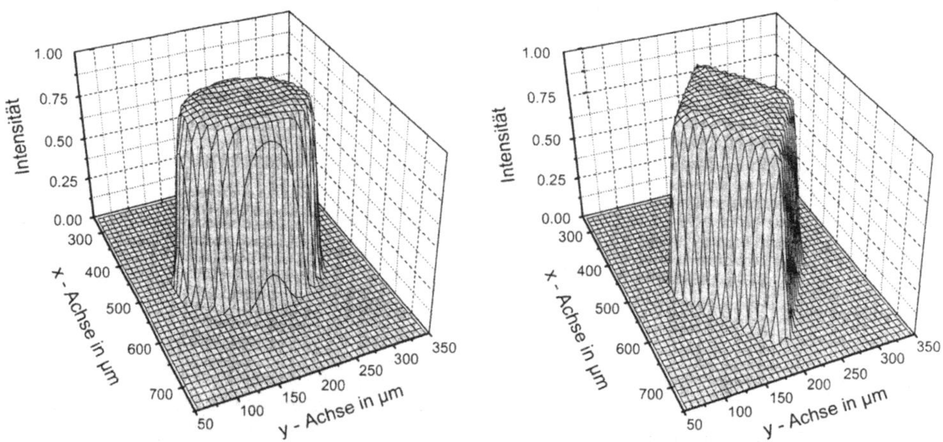

Abb. 2.3.: Strahlprofil berechnet mit Gleichung (2.15) bei einem Divergenzwinkel von 50 mrad (links). Das Strahlprofil bei Verwendung einer Rautenmaske mit einer Länge von 200 μm und einer Breite von 100 μm auf der Materialoberfläche zeigt die rechte Seite.

Wie bereits erwähnt, wird im Falle der Excimerlaserbearbeitung eine Maske beleuchtet, die mittels geeigneter Optiken auf die Werkstückoberfläche abgebildet wird. Folglich ist die Intensitätsverteilung durch die Maskengeometrie vorgegeben. Im Rahmen der präsentierten Modellrechnungen wird dieses Profil durch einen Supergaußmode

$$
\begin{aligned}
\mathbf{F_{dir}} = \left(\tfrac{r_b}{r(z)}\right)^2 \tfrac{2P}{\pi r_b^2}\phi(t)\Big(& \exp\left[-2a_0 R^2\right] + \\
& \exp\left[-2a_1\left(R+b_1\right)^2\right] + \exp\left[-2a_1\left(R-b_1\right)^2\right] + \\
& \exp\left[-2a_2\left(R+b_2\right)^2\right] + \exp\left[-2a_2\left(R-b_2\right)^2\right] \Big)\hat{s}/\hat{s}\cdot\hat{k}
\end{aligned}
\tag{2.15}
$$

approximiert, mit $r^2(z) = r_b^2 + \beta_\infty^2 z^2$ und $R = \left((x - ut)^2 + y^2\right)/r^2(z)$. Die Koeffizienten a_0, a_1, a_2, b_1, und b_2 sind dabei in angemessener Form gewählt, so daß sich ein möglichst glattes Profil ergibt. Der Divergenzwinkel ist hier durch $\beta_\infty = z_0/r_b$ mit dem Strahlradius auf der Materialoberfläche r_b bestimmt (streng genommen ändern sich die Propagationseigenschaften eines Supergaußmodes gegenüber denen eines TEM_{00}-Modes; zur Vereinfachung wurden jedoch die Grundmodepropagationsgesetze beibehalten).

Die linke Seite von Abb. 2.3 zeigt ein Intensitätsprofil auf der Werkstückoberfläche, wie es sich angenähert bei einer abbildenden Bearbeitung mit einem Excimerlaser unter Verwendung einer Maske mit 4 mm Durchmesser und einer Linse mit einer Brennweite von 40 mm ergeben würde.

Mit Gleichung (2.15) läßt sich auch ein Rechteckprofil modellieren, wenn R jeweils durch $X = (x-ut)^2/r^2(z)$ und $Y = y^2/r^2(z)$ ersetzt wird und diese beiden Verteilungsfunktionen miteinander gefaltet werden. Die direkt eingestrahlte Energiestromdichteverteilung auf der Materialoberfläche ist dann:

$$
\begin{aligned}
\mathbf{F_{dir}} = \left(\tfrac{r_b}{r(z)}\right)^2 \tfrac{2P}{\pi r_b^2}\phi(t)\Big(& \exp\left[-2a_0 X^2\right] + \\
& \exp\left[-2a_1\left(X+b_1\right)^2\right] + \exp\left[-2a_1\left(X-b_1\right)^2\right] + \\
& \exp\left[-2a_2\left(X+b_2\right)^2\right] + \exp\left[-2a_2\left(X-b_2\right)^2\right] \Big)\cdot \\
\Big(& \exp\left[-2a_0 Y^2\right] + \\
& \exp\left[-2a_1\left(Y+b_1\right)^2\right] + \exp\left[-2a_1\left(Y-b_1\right)^2\right] + \\
& \exp\left[-2a_2\left(Y+b_2\right)^2\right] + \exp\left[-2a_2\left(Y-b_2\right)^2\right] \Big)\hat{s}/\hat{s}\cdot\hat{k} \;\; .
\end{aligned}
\tag{2.16}
$$

Mit einer Drehung um 45° Grad und einer Streckung läßt sich aus der Verteilung (2.16) die Intensitätsverteilung für eine Rautenmaske modellieren, wie sie in Abb. 2.3 rechts dargestellt ist.

2.1.4. Berechnung der Vielfachreflexion mit der Methode des Ray–Tracing

Da im allgemeinen die auf die Materialoberfläche direkt auftreffende Laserstrahlung nicht komplett absorbiert, sondern ein erheblicher Anteil in Abhängigkeit vom Einfallswinkel reflektiert wird, kann ein reflektierter Strahl zusätzlich zum direkt einfallenden Laserstrahl die auf einem Oberflächenelement A_{ij} einfallende Intensität erhöhen. Die gesamte

Intensität ergibt sich also aus der Summe der direkten Einstrahlung und den reflektierten Anteilen:

$$|\mathbf{F}| \;=\; |\mathbf{F_{dir}}| + |\mathbf{F_{ref}}| \quad . \tag{2.17}$$

Um diese Summe zu berechnen, muß, wie bereits erwähnt, der einfallende Laserstrahl in Teilstrahlen aufgeteilt werden. Die Energiedichte für ein betrachtetes Oberflächenelement A_{ij} ergibt sich aus der Anzahl der einzelnen Teilstrahlen N_{ij}^{n}, die dieses Element treffen, wobei diese sich aus der Summe von direkt einfallenden Teilstrahlen und bereits reflektierten Teilstrahlen berechnet. Jeder einzelne Teilstrahl wird separat verfolgt, bis der Strahl den Abtragsbereich verläßt oder die Energie aufgrund mehrerer Reflexionen komplett an das Werkstück abgegeben ist. Die einzelnen Strahlen N_{ij}^{n} werden gleichmäßig über das Oberflächenelement A_{ij} verteilt. Für die Berechnung des Reflexionswinkels und der Richtung des reflektierten Strahles muß der Normalenvektor des Oberflächenelements $\hat{n}$ bestimmt werden. Aufgrund der Diskretisierung im numerischen Lösungsverfahren gehen die Normalenvektoren, die jeweils an den Knoten berechnet werden, jedoch nicht kontinuierlich ineinander über, wenn die Winkel zweier benachbarter Normalenvektoren $\hat{n}_{i,j}$ und $\hat{n}_{i+1,j}$ zur Vertikalen betrachtet werden, wie Abb. 2.4 zeigt. Die auf das Oberflächenelement verteilten Strahlen würden also alle unter dem gleichen Winkel reflektiert, obwohl die tatsächliche Oberflächenkrümmung variiert. Dies würde letztendlich aufgrund der Vielfachreflexion die Abtragsgeometrie verfälschen, da mit dieser Methode eigentlich nur das Oberflächennetz abgebildet wird. Modest et al. approximierten den für einen

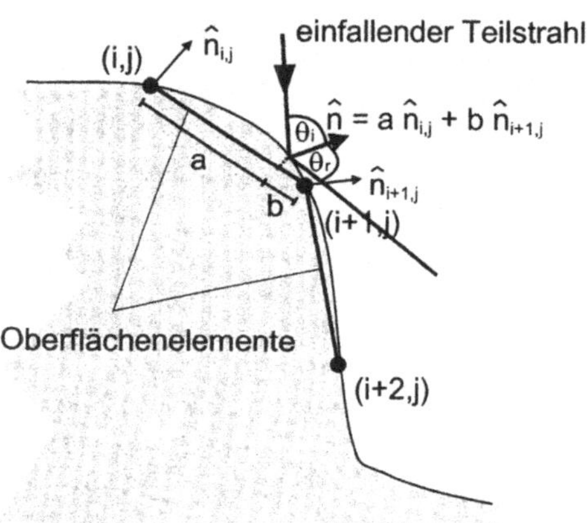

Abb. 2.4.: Schematische Darstellung zur Normalenvektorberechnung innerhalb eines Oberflächenelementes.

einzelnen Strahl zugehörigen Normalenvektor aus der Linearkombination aller Normalenvektoren an den Ecken des Oberflächenelements. Die Koeffizienten ermitteln sich jeweils aus der Entfernung vom Auftreffpunkt zu den Ecken des Elements. Auf diese Art und Weise ergibt sich ein kontinuierlicher Übergang der Normalenvektoren von einer Ecke bis zur gegenüberliegenden Ecke des Flächenelementes.

Der Betrag der absorbierten bzw. reflektierten Energiemenge ist abhängig vom komplexen Brechungsindex $N_i = n + ik$ des betrachteten Werkstoffs, vom polaren Einfallswinkel θ_i und der Polarisationsrichtung der einfallenden Laserstrahlung. Der Reflexionsgrad wird mit Hilfe der Fresnelschen Gleichungen berechnet, die in jedem Standardwerk der Optik (z. B. [51]) nachgeschlagen werden können. In Abb. 2.5 ist der Reflexionsgrad für

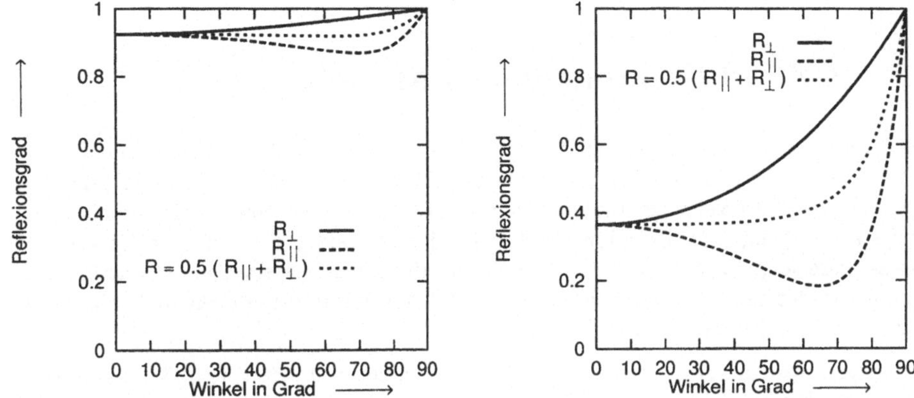

Abb. 2.5.: Reflexionsgrad bei 248 nm von Aluminium (links) und Kupfer (rechts) in Abhängigkeit vom Einfallswinkel und der senkrechten bzw. parallelen Polarisationsrichtung sowie des unpolarisierten Laserstrahls, welcher sich aus dem arithmetischen Mittel der Reflexionsgrade von senkrechter und paralleler Polarisationsrichtung ermittelt.

parallel, senkrecht und unpolarsiertes (bzw. zirkular polarisiertes) Laserlicht von Aluminium und Kupfer für verschiedene Einfallswinkel dargestellt. Excimerlaserstrahlung gilt im allgemeinen als unpolarisiert, da eine sehr hohe Anzahl von Moden angeregt werden, die jeweils in unterschiedliche Richtungen schwingen, so daß im Mittel der komplette Laserstrahl unpolarisiert erscheint. Selbst wenn nur eine Mode im Resonator anschwingen würde, wird beim Excimerlaser, dessen Resonator in der Regel aus nur zwei Spiegeln besteht, unpolarisierte Strahlung erzeugt, da die Polarisationsebene durch geringfügige lokale Änderungen der Eigenschaften des laseraktiven Mediums um beliebige Winkel bezüglich der Ausbreitungsrichtung gedreht werden kann. Des weiteren hängt der Reflexionsgrad von der Temperatur ab. Eine umfassende Darstellung der Temperaturabhängigkeit von Absorptions– und Reflexionsgrad ist in [52] gegeben. Hierbei zeigt sich, daß in der Regel der Absorptionsgrad bei Erhöhung der Oberflächentemperatur zunimmt. Im Rahmen dieser Simulationsrechnungen werden, falls es nicht besonders erwähnt wird, die optischen Konstanten bei Raumtemperatur 300 K verwendet. Dies mag eine zu grobe Vereinfachung der tatsächlich vorherrschenden optischen Eigenschaften sein, die physikalische Aussage über den Einfluß der Vielfachreflexion wird dadurch aber nicht geschmälert.

Die Richtung des reflektierten Teilstrahles im Falle einer idealen und homogenen Werkstückoberfläche kann durch

$$\hat{s}_r = \hat{s}_i - 2|\hat{s}_i \cdot \hat{n}|\hat{n} \tag{2.18}$$

bestimmt werden, wobei $\hat{s}_i$ und $\hat{s}_r$ die Richtungen des einfallenden und des reflektierten Strahles sind. Grundlage für diese Gleichung ist, daß der polare Einfallswinkel gleich dem polaren Ausfallswinkel $\theta_i = \theta_r$ ist und daß für die azimuthalen Winkel $\psi_r = \psi_i + \pi$ gilt. Dies gilt nicht mehr für eine raue und mit Unebenheiten bestückte Oberfläche, wie sie unter realen Abtragsgegebenheiten vorkommt. In diesem Fall herrscht diffuse Reflexion, und die Richtung des reflektierten Strahles wird über zwei Zufallszahlen bestimmt, mit denen sich die Polar– und Azimuthwinkel des reflektierten Strahles bzw. des Normalenvektors berechnen lassen [51].

2.2. Gültigkeitsgrenzen des Modells

Der Anwendbarkeit des Modells sind aufgrund der getroffenen Approximationen Grenzen gesetzt. So sind im Modell Nichtgleichgewichtsphänomene nicht berücksichtigt, die erfordern, daß das Wärmeleitungsproblem für das Elektronensystem und das Phononensystem unter Einbeziehung einer Kopplungsfunktion zwischen beiden Systemen gelöst wird [98]. Insbesondere folgt daraus, daß das Modell nur für solche Lasertypen Aussagen treffen kann, deren Pulsdauern wesentlich länger sind als die charakteristischen Rekombinationszeiten zwischen Elektronen und Phononen.

Des weiteren wird das Auftreten eines Schmelzfilms nicht betrachtet, so daß weder die Geometrieveränderungen durch eine Schmelzbadbewegung, noch der Abtrag durch Schmelzaustrieb beschreibbar ist. Wie experimentell in [53] und theoretisch in [23] dargelegt ist, erfolgt der Abtrag hauptsächlich durch Schmelzaustrieb, wenn der Dampfdruck größer wird als die Oberflächenspannungskräfte, die das Fließen der Schmelze verhindern. Insbesondere gilt das für den Einsatz von Lasern mit hohen Intensitäten, bei deren Verwendung es zur Zündung eines laserinduzierten Plasmas kommt, so daß der zusätzlich wirkende Rückstoßdruck die Schmelze austreiben kann.

Physikalische Vorgänge, die oberhalb des kritischen Punktes auftreten können, werden im Modell nicht betrachtet. So setzt das hier diskutierte Verdampfungsmodell eine ebene Phasengrenze voraus. Oberhalb der kritischen Temperatur, die bei hohen Intensitäten leicht erreicht werden kann, liegt jedoch keine definierte Phasengrenze mehr vor. Die Abtragsraten für höhere Intensitäten müßten demnach mit Hilfe anderer physikalischer Gesetze ermittelt werden.

Weiterhin wird im Modell die Absorption von Laserstrahlung aufgrund eines sich oberhalb der Materialoberfläche befindlichen Dampf/ Plasmagemisches nicht betrachtet. Damit werden zu hohe Abtragsraten berechnet.

Für die im folgenden diskutierten Parameterbereiche reicht dieses Modell jedoch aus, die Abtragsraten hinreichend gut in Übereinstimmung mit dem Experiment zu berechnen. Darüber hinaus bietet das Modell Merkmale, die genutzt werden können, um auch komplexere Abtragsgeometrien bzw. geometrieabhängige Phänomene, wie z.B. den in Kapitel 3.1 diskutierten Einfluß der Vielfachreflexion, zu simulieren. Hier überwiegen die Vorteile der dreidimensionalen Behandlung die Nachteile einer nicht umfassenderen Berücksichtigung physikalischer Gesetzmäßigkeiten.

Im weiteren Verlauf dieser Arbeit wird auch auf die Problematik der Ausbreitung des verdampften Materials eingegangen und die unterschiedlichen Wechselwirkungsmechanismen werden diskutiert. Die Integration des gas– und plasmadynamischen Modells, das in Kapitel 4 und 5 eingeführt wird, in das hier vorgestellte Modell resultiert in einer höheren Genauigkeit der Abtragsberechnung und ermöglicht schließlich Aussagen zu den Energieflüssen und Extinktionskoeffizienten unter dem Einfluß verschiedener Parameter beim Abtragen mit Kurzpulslasern zu treffen.

3. Qualitätsbestimmende Mechanismen beim Strukturieren

3.1. Einfluß der Vielfachreflexion beim Abtragen mit Excimerlaser ohne Werkstückvorschub

Die Auswirkung der gerichteten Vielfachreflexion auf die Abtragsgeometrie bei einem
Abtrag ohne Vorschub wird in Abb. 3.1 verdeutlicht. Das linke Bild zeigt, daß es bei
der Berechnung eines Abtrags unter Berücksichtigung der Vielfachreflexion zu deutlichen
Vertiefungen an den Rändern der bestrahlten Zone kommt, während für Berechnungen
ohne Vielfachreflexion gerade das modellierte Intensitätsprofil in der Abtragsgeometrie
wiedergegeben wird.

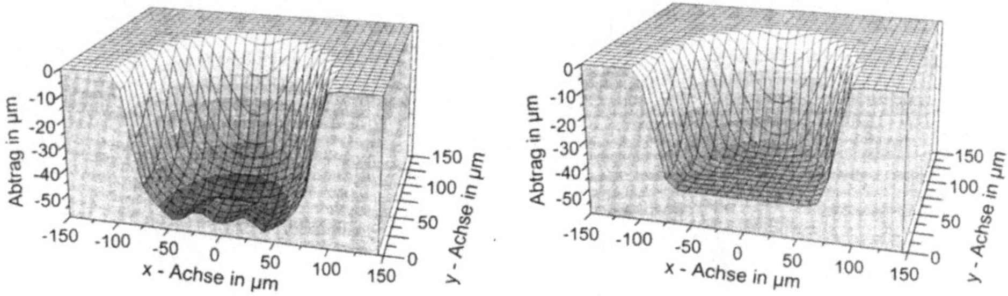

Abb. 3.1.: Abtragsprofil mit (links) und ohne (rechts) Berücksichtigung der Vielfachreflexion für Kupfer nach 100 Pulsen ($H = 10\ J/cm^2$, Divergenzwinkel $\beta_\infty =$
50 $mrad$, $r_b = 100\ \mu m$).

Der tiefere Abtrag und die Inhomogenität am Abtragsboden resultieren aus einem zusätzlichen Beitrag zur direkten Lasereinstrahlung aufgrund der an der Abtragswand reflektierten und in den Abtragsboden abgelenkten Teilstrahlen. Dies wird in Abb. 3.2 verdeutlicht,
in der die Strahlengänge einiger ausgewählter Teilstrahlen in einer Seitenansicht (x/z–
Ebene) präsentiert sind. In dieser Darstellung fallen die betrachteten Strahlen auf die
rechte Wandung des Abtrags. Der Flankenwinkel wird sowohl durch die Tiefe des Abtrags
als auch durch das Excimerlaserstrahlprofil selbst bestimmt

Je kleiner der Flankenwinkel ist, desto größer ist der Einfallswinkel eines Teilstrahles
auf die Wand. Nach Abb. 2.5 bestimmt dieser das Verhältnis zwischen der an der Wand
absorbierten und der reflektierten Intensität. Der Reflexionsgrad entlang der x–Achse für
das in Abb. 3.1 dargestellte Abtragsprofil ist in Abb. 3.3 aufgetragen.

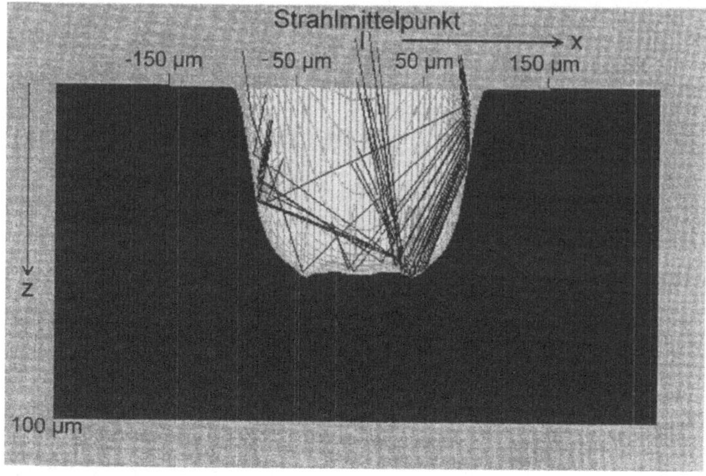

Abb. 3.2.: Darstellung der Abtragsgeometrie aus Abb. 3.1 im x/z–Schnitt. Die Teil-strahlen werden durch schwarze Geraden dargestellt. Aufgrund der Projektion der räumlich verlaufenden Strahlen auf die Zeichenebene, erscheinen nur die Einfalls– und Ausfallswinkel unverzerrt, die in der Schnittebene liegen.

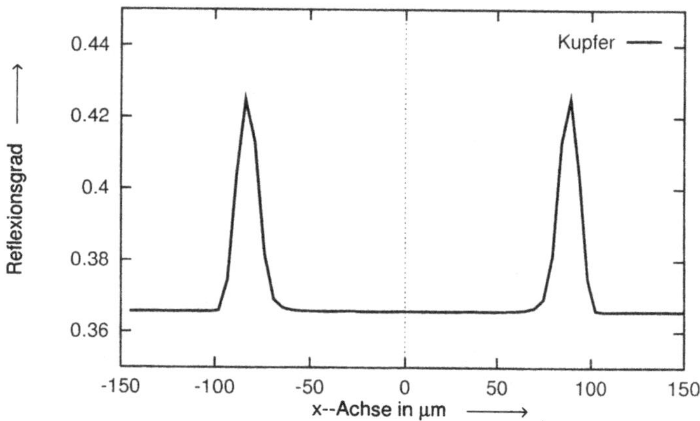

Abb. 3.3.: Reflexionsgrad entlang der x–Achse für den in Abb. 3.1 dargestellten Kupfer-abtrag.

Im folgenden wird der Einfluß verschiedener Parameter unter Berücksichtigung der Viel-fachreflexion auf die Topographie des Abtrags diskutiert.

3.1.1. Einfluß der Pulszahl

Mit zunehmender Pulszahl vertieft sich der Abtrag, und konsequenterweise wird der Flan-kenwinkel kleiner bzw. die Wand steiler. Auf die Wand auftreffende Teilstrahlen werden nicht mehr aus der Abtragszone herausreflektiert, sondern nach unten auf den Abtrags-boden abgelenkt. Abb. 3.4 zeigt, daß Strahlung, die an den Wänden reflektiert wird, den

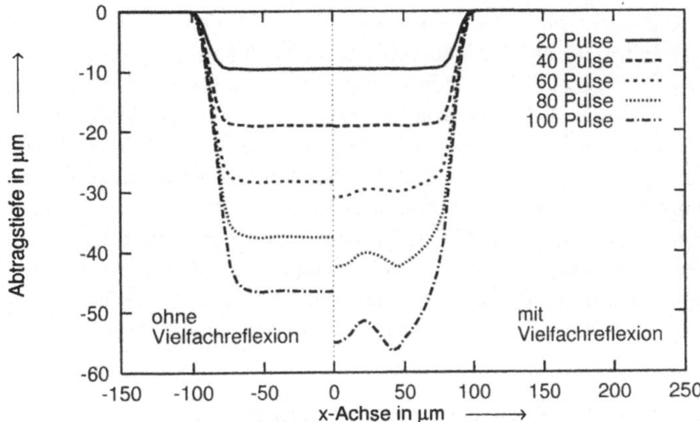

Abb. 3.4.: Gegenüberstellung der Abtragsprofile in Abhängigkeit von der Pulszahl für Berechnungen ohne (linke Hälfte) und mit gerichteter Vielfachreflexion (rechte Hälfte), $H = 10\ J/cm^2$, $\beta_\infty = 50\ mrad$, $r_b = 100\ \mu m$, $z_0 = 2\ mm$, Kupfer.

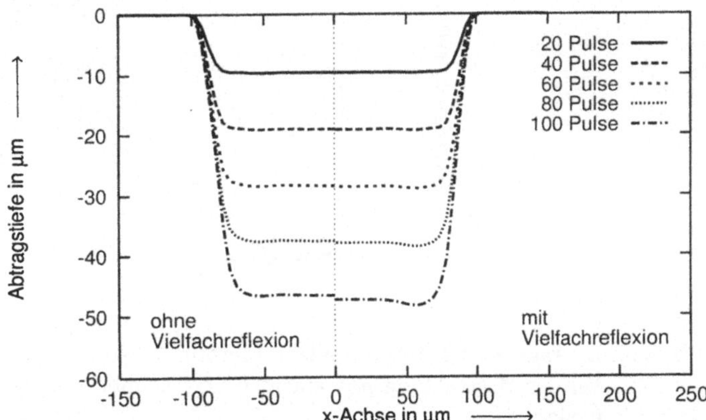

Abb. 3.5.: Gegenüberstellung der Abtragsprofile in Abhängigkeit von der Pulszahl für Berechnungen ohne (linke Hälfte) und mit diffuser Vielfachreflexion (rechte Hälfte), $H = 10\ J/cm^2$, $\beta_\infty = 50\ mrad$, $r_b = 100\ \mu m$, $z_0 = 2\ mm$, Kupfer.

Abtrag vertieft, so daß Unebenheiten am Boden entstehen. Wird mit diffuser Vielfachrefle-xion (Abb. 3.5) gerechnet, so bilden sich die für die gerichtete Reflexion charakteristischen Aufwölbungen am Boden nicht aus. Die Abtragsrate ist jedoch auch hier größer als bei Berechnung ohne Reflexion, und es kommt zu leichten Vertiefungen in Wandnähe. Die Vielfachreflexion hat demnach eine Effektivitätssteigerung zur Folge, jedoch muß dabei u.U. auch ein Qualitätsverlust in Kauf genommen werden, da die durch das Intensitätspro-fil vorweggenommene geometrische Form durch die Vielfachreflexion verändert wird.

Einschränkend ist zu erwähnen, daß die diffuse und gerichtete Vielfachreflexion jeweils
nur Grenzfälle darstellen. In der Regel muß in der Praxis von einer Überlagerung beider
Fälle ausgegangen werden. Einerseits kann die Wandoberfläche nicht als ideal glatt gelten,
so daß nicht mit einer gerichteten Reflexion gerechnet werden kann, andererseits ist der
Auftreffpunkt auf der Wandoberfläche auch kein ideales Streuzentrum. Bei Metallen kann
aufgrund eines Schmelzfilms eher von einer gerichteten Reflexion ausgegangen werden,
da durch das Auftreten von Oberflächenspannungskräften die Wandfläche geglättet wird,
während bei Keramiken, die keinen Schmelzfilm ausbilden, dieses Verhalten nicht auftritt.
Tatsächlich wird auch in Untersuchungen von experimentell ermittelten Abtragsstrukturen beim Abtragen mit Excimerlasern in Keramiken eine Topographie festgestellt, die
eher dem Abtragsprofil aus Simulationsrechnungen mit diffuser Reflexion entsprechen.
Die gemessene Struktur beim Abtragen von Metallen [24] stimmen mehr mit den Ergebnissen unter Berücksichtigung der gerichteten Vielfachreflexion überein, obwohl eine
Schmelzbadbewegung im Modell nicht berücksichtigt ist.

3.1.2. Einfluß der Energiedichte

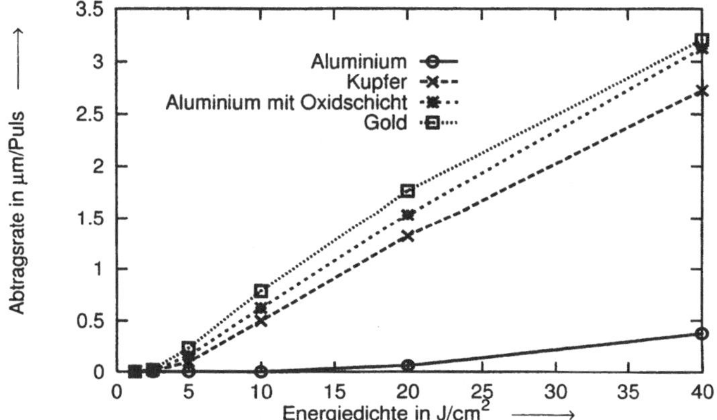

Abb. 3.6.: Abtragsraten für verschiedene Metalle in Abhängigkeit von der Energiedichte
           bei der Bestrahlung mit einem KrF–Excimerlaser berechnet ohne Vielfachre-
           flexion.

Berechnungen des Abtrags pro Puls für verschiedene Metalle in Abhängigkeit von der
Energiedichte sind in Abb. 3.6 vorgestellt wobei Abschirmungseffekte in der Dampf/ Plas-
mawolke vernachlässigt wurden; diese sind Diskussionsgegenstand der Kapitel 5 und 6.
Unter dieser Voraussetzung ergibt sich ein nahezu lineares Abtragsverhalten[1].

Die Abtragsrate ohne den Einfluß der Vielfachreflexion steigt proportional zur Energiedichte. Dies hat zur Folge, daß mit zunehmender Energiedichte bei gleicher Pulszahl der
Abtrag tiefer und somit auch der Flankenwinkel kleiner wird. Wird nun mit Vielfachreflexion gerechnet, so kommen zur direkten Einstrahlung die von den Wänden reflektierten Anteile dazu, die für unterschiedliche Energiedichten aufgrund der unterschiedlichen

---

[1]Die Materialabhängigkeit wird weiter unten diskutiert.

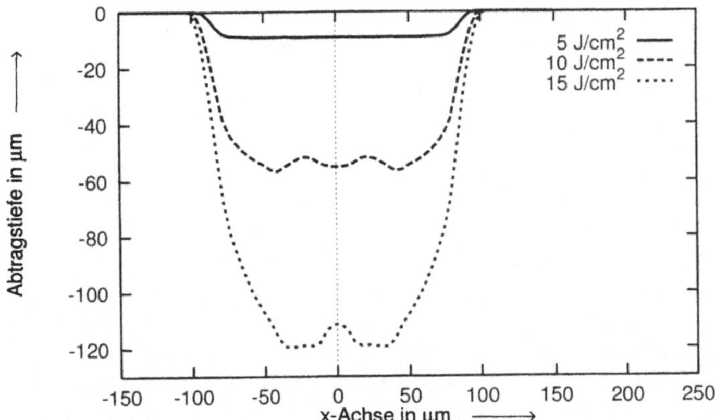

Abb. 3.7.: Abtragsprofile in Kupfer berechnet mit gerichteter Vielfachreflexion nach 100 Excimerlaserpulsen für einen Divergenzwinkel von $\beta_\infty = 50\ mrad$, einen Strahlradius von $r_b = 100\ \mu m$ und eine Fokuslage von $z_0 = 2\ mm$.

Flankenwinkeln verschieden groß sind. Somit unterscheiden sich bei gleicher Pulszahl, aber unterschiedlichen Energiedichten die Abträge nicht nur in der Tiefe, sondern auch in der Struktur. Wie Abb. 3.7 zeigt, ist der Abtrag bei 5 J/cm^2 nach 100 Pulsen noch homogen, während sich bei 10 J/cm^2 schon Inhomogenitäten aufgrund der gerichteten Reflexion ausbilden. Bei 15 J/cm^2 wird ein Aspektverhältnis von 1 erreicht. Die Form am Grund des Abtrags ist nicht mehr durch das Intensitätsprofil des Lasers bestimmt, sondern schnürt sich aufgrund der zusätzlichen reflektierten Energieanteile ein.

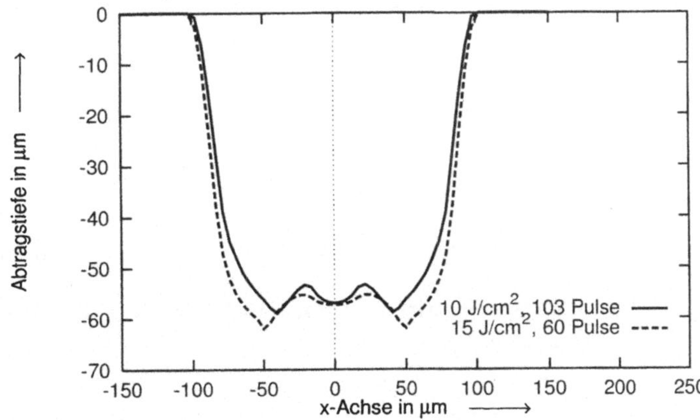

Abb. 3.8.: Abtragsprofile für $H = 10\ J/cm^2$ und $H = 15\ J/cm^2$ bei vergleichbarer Abtragstiefe aber unterschiedlicher Pulszahl.

Vergleicht man bei gleicher Abtragstiefe die mit unterschiedlicher Energiedichte erhaltenen Abtragsprofile, so wird der Flankenwinkel für eine höhere Energiedichte kleiner und die Vertiefungen am Rand der Abtragszone größer, siehe dazu Abb. 3.8. Diese beiden Effekte sind darauf zurückzuführen, daß die reflektierten Teilstrahlen höhere Energieportionen besitzen. Strahlen, die auf die gegenüberliegende Wand treffen, tragen mehr zum Abtrag bei als bei einer kleineren Energiedichte. Nachteilig muß in Kauf genommen werden, daß dieser Effekt allerdings auch zu stärkeren Inhomogenitäten am Boden führt.

3.1.3. Einfluß der Werkstoffeigenschaften

Die Werkstoffeigenschaften beeinflussen natürlich auch die Abtragstruktur, da es schon allein aufgrund der unterschiedlichen Abtragsraten (siehe Abb. 3.6) zu unterschiedlichen Einfallswinkeln auf die Abtragswand bei gleicher Pulszahl kommt. Maßgeblich für den Abtrag ist der Anteil der in das Werkstück eingekoppelten Energie, der über den Reflexionsgrad bestimmt wird. Dieser Anteil teilt sich auf in einen Anteil, der durch Wärmeleitung in das Werkstück abgeführt wird und durch die Wärmeleitfähigkeit gekennzeichnet ist, und einen Anteil, der zur Verdampfung des Materials aufgebracht werden muß und durch die Verdampfungsenthalpie charakterisiert ist. Die Wärmeaufnahmefähigkeit des Materials ist durch die spezifische Wärmekapazität bestimmt. Die Verdampfungstemperatur ist für alle im folgenden betrachteten Materialien nahezu gleich groß, so daß diese auf die unterschiedlichen Abtragsraten keinen Einfluß hat. Die aufgeführten Stoffeigenschaften sind in Anhang A.1 aufgelistet. Damit lassen sich die unterschiedlichen Abtragsraten berechnen.

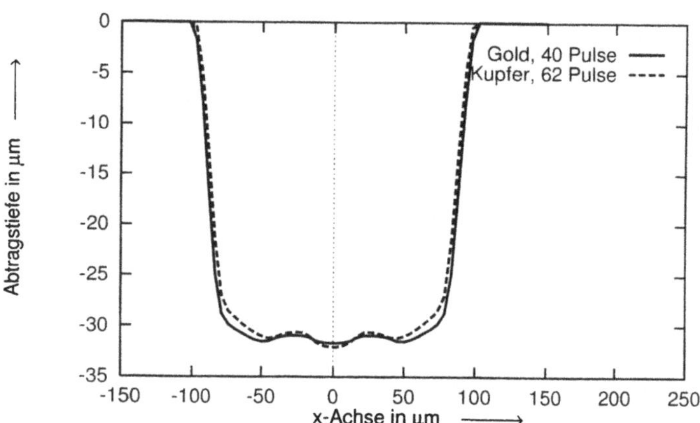

Abb. 3.9.: Abtragsgeometrie für Kupfer und Gold bei 10 J/cm^2 und ungefähr gleicher Abtragstiefe.

Bei Aluminium kommt es wegen des hohen Reflexionsgrades von 92% selbst bei 40 J/cm^2 zu keinem nennenswerten Abtrag. Durch eine Oxidschicht wird das Reflexionsvermögen von Aluminium auf 57% herabgesetzt [54]. Dies führt zu einem vergleichbaren Abtrag wie bei Gold und Kupfer. Die höhere Abtragsrate bei Verwendung von Gold im Vergleich zu Kupfer und Aluminium ist auf das größte Verhältnis von Verdampfungsenthalpie zur spezifischen Gaskonstante zurückzuführen, das nach Gleichung (2.8) und (2.9) die Verdampfungsfrontgeschwindigkeit bestimmt. Kupfer hat im Vergleich zu Aluminium mit Oxidschicht trotz eines kleineren Reflexionsgrades eine kleinere Abtragsrate, da die

Wärmeleitfähigkeit in Kupfer größer und die Verdampfungstemperatur geringfügig größer ist als in Aluminium. Auch der Temperaturleitwert, der über $\lambda/(c_{liq}\,\varrho_{liq})$ definiert ist, ist in Kupfer größer als in Aluminium.

Die höhere Abtragsrate von Gold im Vergleich zu Kupfer (Abb. 3.9) führt dazu, daß nach 40 Pulsen der Abtrag für Gold bereits 30 μm beträgt, während bei Kupfer für den gleichen Abtrag 62 Pulse benötigt werden. Der höhere Reflexionsgrad von Kupfer im Vergleich zu Gold verursacht größere Unebenheiten am Boden, da mehr Strahlungsenergie von der Wand auf den Boden reflektiert wird.

3.1.4. Einfluß von Fokuslage, Strahlradius, Divergenzwinkel

In diesem Abschnitt wird der Einfluß der Fokuslage, des Strahlradius und des Divergenzwinkels auf die Abtragsgeometrie untersucht. Zunächst wird die Fokuslage konstant gehalten und Strahlradius und Divergenzwinkel variiert. Anschließend wird bei einem konstanten Strahlradius der Divergenzwinkel und die Fokuslage geändert. Der Einfallswinkel ist die bestimmende Größe für die Richtung und den Betrag der reflektierten Laserenergie. Diese setzt sich aus dem Auftreffwinkel (der Divergenzwinkel entspricht dem maximalen Auftreffwinkel) und dem Flankenwinkel der Wand zusammen (siehe dazu Abschnitt 2.1.1). Der Flankenwinkel der Wand ist eine Funktion der Abtragstiefe und darüber hinaus auch eine Funktion des Strahlradius, da der Flankenwinkel der Intensitätsverteilung ebenfalls eine Funktion des Strahlradius ist. Da zumindestens zu Beginn des Abtragsprozesses das Abtragsprofil durch die Intensitätsverteilung bestimmt ist, wird auch der Flankenwinkel der Wand durch diese gekennzeichnet. Bei der nachfolgenden Diskussion ist also zu beachten, daß bei der Variation des Strahlradius sich nicht nur die Divergenzwinkel ändern können, sondern auch die Flankenwinkel der Intensitätsverteilung.

Beim Maskenprojektionsverfahren wird sowohl der Radius der bestrahlten Fläche als auch die numerische Apertur auf der abbildenden Linse mit vorgegebener Brennweite durch Wahl einer geeigneten Maske festgelegt. Dies hat zur Folge, daß mit kleiner werdendem Strahlradius der bestrahlten Fläche der Divergenzwinkel ebenfalls kleiner wird, wie Abb. 3.10 vereinfacht illustriert.

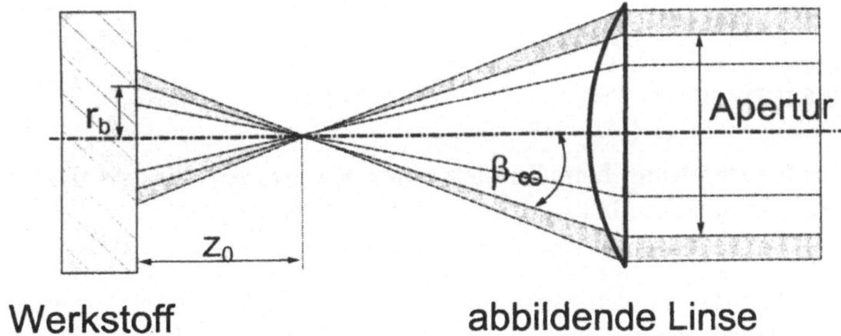

Abb. 3.10.: Strahlausbreitung beim Einsatz eines Maskenprojektionsverfahrens bei konstanter Fokuslage z_0.

In Abb. 3.11 ist der Einfluß von unterschiedlichen Divergenzwinkeln und Strahlradien bei konstanter Fokuslage auf die Abtragstiefe und die Unebenheiten am Boden dargestellt.

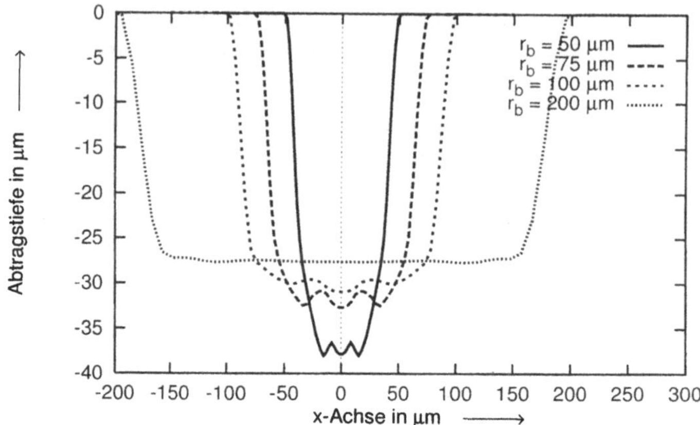

Abb. 3.11.: Abtragsgeometrie für Kupfer nach 60 Pulsen bei konstant gehaltener Fokuslage, unterschiedlichen Strahlradien 50 μm, 75 μm, 100 μm, 200 μm und Divergenzwinkel 25 $mrad$, 37,5 $mrad$, 50 $mrad$, 100 $mrad$ ($H = 10\ J/cm^2$).

Für kleinere Strahlradien wird der Divergenzwinkel als auch der Flankenwinkel kleiner, so daß sich aufgrund dessen der Einfallswinkel für kleinere Strahlradien vergrößert. Dies hat zur Folge, daß für kleinere Strahlradien mehr Strahlung in den Abtragsboden hineinreflektiert wird und es zu höheren Abtragsraten kommt. Des weiteren nehmen die Unebenheiten zu. Bei einem Strahlradius von 200 μm ist der Abtragsboden nahezu eben, während mit kleiner werdenden Radien die Unebenheiten deutlich ausgeprägter werden.

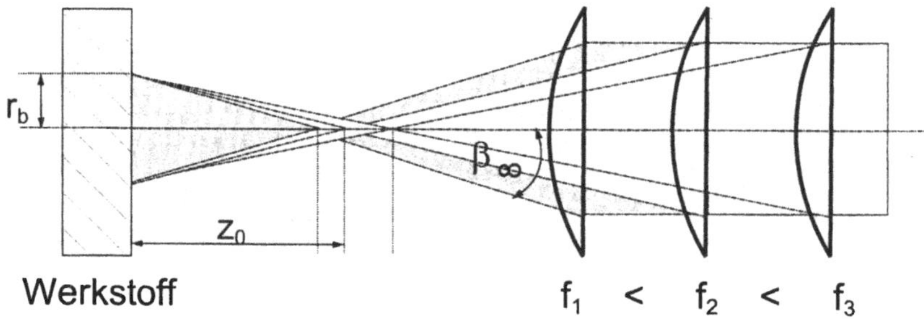

Abb. 3.12.: Strahlausbreitung beim Einsatz eines Maskenprojektionsverfahrens bei konstantem Strahlradius r_b.

Wie Abb. 3.12 zeigt, lassen sich durch Verwendung von Abbildungslinsen unterschiedlicher Brennweite Fokuslage und Divergenzwinkel variieren, ohne daß der Strahlradius und die Apertur geändert wird. In diesem Fall zeigt sich (siehe Abb. 3.13), daß für größere Fokuslagen die Abtragsgeometrien aufgrund des nahezu parallel einfallenden Laserstrahls sich nicht signifikant voneinander unterscheiden. Die Divergenzwinkel für die größeren Fokuslagen sind wesentlich kleiner als der zugehörige Flankenwinkel, der 640 $mrad$ beträgt. Bei der kleinsten hier verwendeten Fokuslage von 0,25 mm bzw. einem Divergenzwinkel von 400 $mrad$ unterscheidet sich jedoch die Abtragsgeometrie signifikant von den anderen

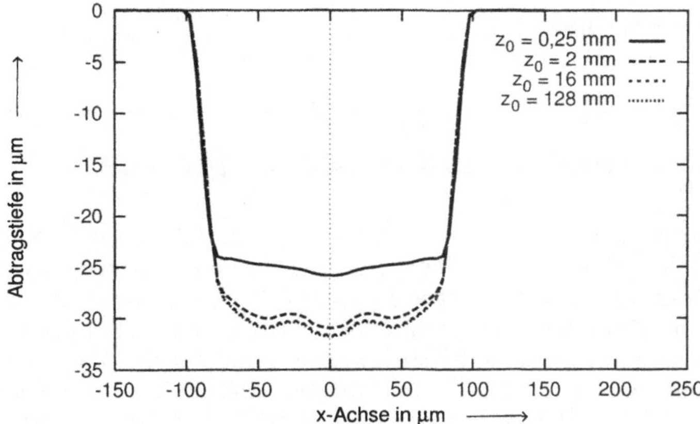

Abb. 3.13.: Abtragsgeometrie für Kupfer nach 60 Pulsen bei konstant gehaltenem Strahlradius von $r_b = 100$ μm, unterschiedlichen Fokuslagen $z_0 = 0,25$ mm, 2 mm, 16 mm, 128 mm und Divergenzwinkel 400 $mrad$, 50 $mrad$, 6,25 $mrad$, 0,781 $mrad$ $(H = 10$ $J/cm^2)$.

Profilen. Daraus folgt, daß der Divergenzwinkel erst einen Einfluß auf die Abtragsgeometrie hat, wenn dieser in der Größenordnung des Flankenwinkels liegt. Für kleinere Divergenzwinkel werden die Unebenheiten am Boden maßgeblich durch den Flankenwinkel bestimmt. Für langbrennweitige Abbildungslinsen, die eine große Fokuslage verursachen, sind die reflektierten Anteile und damit die Unebenheiten durch den Flankenwinkel gegeben, der wiederum, wie die Ausführung zu Beginn dieses Abschnittes darlegt, durch das Intensitätsprofil bestimmt ist.

Wie Abb. 3.13 auch zeigt, nimmt die Abtragsrate für große Divergenzwinkel deutlich ab. Dies ist dadurch zu erklären, daß in diesem Fall der Einfallswinkel auf die plane Materialoberfläche ebenfalls stark zunimmt, so daß nach Abb. 2.5 der Reflexionsgrad ansteigt und damit weniger Energie in das Werkstück eingekoppelt wird.

Ausgehend von Abb. 3.11 läßt sich also hinsichtlich der Effektivität folgern, daß mit kleiner werdenden Strahlradien und Divergenzwinkeln diese zunimmt, da reflektierte Anteile zusätzlich die Abtragsrate erhöhen. Da die reflektierten Anteile sich nicht homogen über den Abtragsboden verteilen, kommt es zu Unebenheiten, so daß u.U. eine gewünschte Abtragsgeometrie sich aufgrund der Vielfachreflexion qualitativ verschlechtert. Bei Durchgangsbohrungen können diese Unebenheiten ein "ausstanzen" der Bohrung verursachen, d.h. das Loch wird zuerst am Rand durchbohrt. Darüber hinaus kann es zu Verengungen des Bohrdurchmessers kommen, wie Abb. 3.7 zeigt.

Auch beim Abtragen bzw. Bohren mit Kurzpulslasern, die eine gaußsche Strahlverteilung haben, treten Vielfachreflexionseffekte auf. Aufgrund der großen Flankenwinkel zu Beginn der Bohrung wird die zunächst auf die Wand fallende Strahlung auf die gegenüberliegende Wand reflektiert. Mit zunehmender Pulszahl nimmt die Abtragstiefe zu, so daß der Flankenwinkel mit der Pulszahl kleiner wird. Schließlich wird die Strahlung nicht mehr auf die gegenüberliegende Wand reflektiert, sondern in das Bohrloch hinein. Dadurch bildet sich dort eine Kapillare aus, deren Radius am Grund kleiner ist als der Strahlradius auf der

Probenoberfläche [45].

3.2. Strukturierung durch Abtrag mit Vorschub und variabler Maskengeometrie

Strukturieren mit Excimerlasern ist nicht nur auf das Löcherbohren beschränkt, sondern die Kombination eines durch die Maskengeometrie vorgegebenen Strahlprofils mit dem Werkstückvorschub ermöglicht die Herstellung von dreidimensionalen Abtragsstrukturen, in [55,56] ist dieses ausführlich dokumentiert. Wählt man z.B. eine Rautenmaske, welche ein in Abb. 2.3 dargestelltes Intensitätsprofil auf der Materialoberfläche zur Folge hat, dann kann durch eine Vorschubgeschwindigkeit in x–Richtung auf der Mittellinie des Profils mehr Streckenenergie in das Werkstück eingebracht werden als an den Seiten, so daß es dort zu einem tieferen Abtrag kommt.

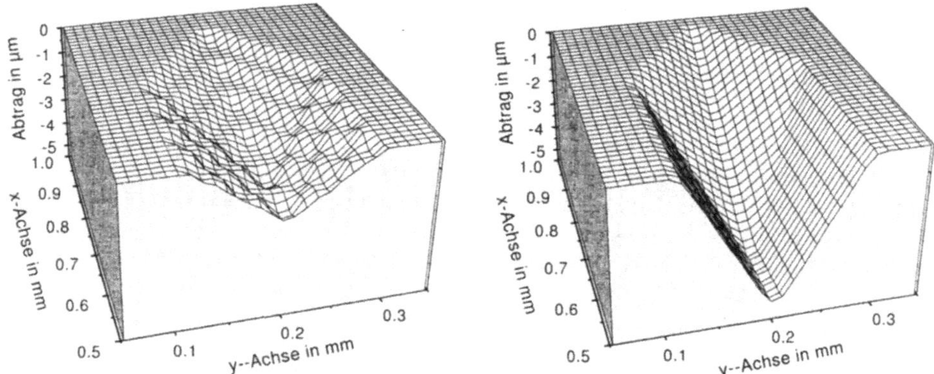

Abb. 3.14.: Modellierte Abtragsstrukturen unter Verwendung des auf der rechten Seite in Abb. 2.3 dargestellten Intensitätsprofils und einer Vorschubgeschwindigkeit von $1,5\ mm/s$ und $0,6\ mm/s$ bei einer Repetitionsfrequenz von $20\ Hz$.

Mit dem hier vorgestellten Modell lassen sich solche Strukturen berechnen, wodurch eine deutliche Reduzierung des experimentellen Aufwands zur Definition eines geeigneten Prozeßfensters erreicht wird. Abb. 3.14 zeigt Rechenergebnisse für zwei verschiedene Vorschubgeschwindigkeiten bei einer Energiedichte von $10\ J/cm^2$. Für den schnelleren Vorschub reicht die Repetitionsrate nicht aus, um prozeßbedingte Rauhigkeiten am Abtragsboden zu verhindern. Erst bei einer Vorschubgeschwindigkeit von $0,6\ mm/s$ ist der Überlappungsgrad groß genug, um die abtragsbedingte Rauhigkeit zu vermeiden (natürlich kann es bei Metallen aufgrund der Schmelzbaddynamik zusätzlich zu Aufwürfen und Rippeln kommen).

Für den Idealfall einer linearen Abhängigkeit zwischen Abtragstiefe T_z und der Anzahl der Pulse auf eine Stelle N_n für n_U Überfahrungen und mittels der Beziehung für eine Überfahrung $N_1 = \nu_l \cdot h_r/u$ ergibt sich die Spurtiefe des Abtrags

$$T_z \propto \nu_l \cdot \frac{h_r}{u}$$

(3.1)

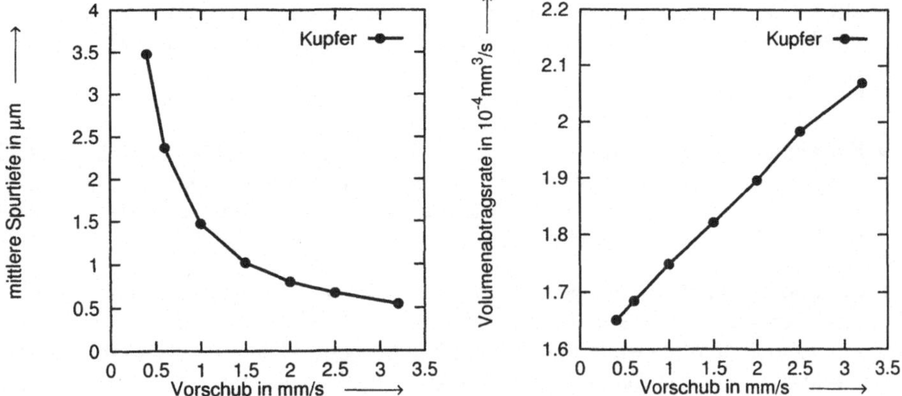

Abb. 3.15.: Entlang der Mittellinie gemittelte Abtragstiefe (links) und Volumenabtragsrate (rechts) in Abhängigkeit von der Vorschubgeschwindigkeit bei 10 J/cm^2.

als eine hyperbolische Abhängigkeit von der Vorschubgeschwindigkeit. Bei Betrachten
der linken Seite von Abb. 3.15 scheint dies auch so der Fall zu sein. Wird jedoch die
Volumenabtragsrate, die bei räumlichen Strukturen ein Maß für die Effektivität ist, aufgetragen, so zeigt sich, daß für kleinere Vorschubgeschwindigkeiten innerhalb eines Zeit-
intervalls weniger abgetragen wird als für hohe Vorschubgeschwindigkeiten (siehe rechte
Seite von Abb 3.15), d.h. der Prozeß ist für höhere Vorschubgeschwindigkeiten effektiver.
Allerdings zeigt auch Abb. 3.14, daß natürlich eine hohe Vorschubgeschwindigkeit über
die Erhöhung der Rauhigkeit einen Qualitätsverlust zur Folge hat, so daß es ein Prozeßfenster gibt, bei dem die Parameter für den jeweiligen Anwendungsfall optimal eingestellt
sind. Ein schnelles Abscannen mit vielen Überfahrungen der Spur ist hier die effektivste
und hinsichtlich der Qualität die beste Lösung. In [46] sind weitere Untersuchungen zu
diesem Aspekt veröffentlicht.

3.3. Synopsis

In diesem Kapitel wurde der Einfluß der Vielfachreflexion auf die Geometrie des Abtrags
sowie die Strukturierung von Materialien durch Abtrag mit Vorschub bei variabler Maskengeometrie untersucht. Die wichtigsten Resultate sind im folgenden zusammengefaßt.

- Die Oberflächentopographie eines Abtrags wird durch die vielfache Reflexion der
  Strahlung an den Abtragswänden modifiziert. Beim Abtragen mit Excimerlasern
  kommt es dabei je nach gewählten Laserparametern zu Unebenheiten im Abtragsboden, da die auf die Wand fallende Strahlung von dort in den Boden hineinreflektiert
  wird.

- Die Abtragsrate erhöht sich aufgrund der Vielfachreflexion, da die von der Wand
  reflektierten Anteile einen zusätzlichen Beitrag zum Abtrag leisten.

- Mit steigender Pulszahl nehmen die Unebenheiten am Boden des Abtrags zu, da mit zunehmender Abtragtiefe der Einfallswinkel auf die Wand größer wird und damit auf die Wand auftreffende Strahlen nicht mehr aus der erzeugten Kavität hinausreflektiert, sondern im zunehmenden Maße auf den Boden reflektiert werden.

- Ein kleiner Intensitätsgradient am Rand des Intensitätsprofils liefert bei gleicher Abtragstiefe homogenere Strukturen am Boden. Dabei sind allerdings die Flankenwinkel an der Abtragswand größer. Dies kann im geringen Maße durch eine Erhöhung der Energiedichte kompensiert werden.

- Der Flankenwinkel in einer gewissen Tiefe wird im wesentlichen durch das Verhältnis aus Abtragstiefe und Strahlradius, dem Aspektverhältnis, bestimmt. Je größer die Abtragstiefe und je kleiner der Strahlradius ist, desto kleiner ist der Flankenwinkel. Qualitativ gute Abträge, d.h. Abträge ohne Unebenheiten am Boden des Abtrags, lassen sich für Aspektverhältnisse kleiner als eins erreichen. Eine effektivere Bearbeitung ergibt sich für größere Aspektverhältnisse, da die reflektierte Strahlung zusätzlich zum Abtrag beiträgt.

- Die Abtragsgeometrie ist vom Werkstoffmaterial abhängig. Werkstoffe mit einer hohen Abtragsrate zeigen bei gleicher Abtragstiefe im Vergleich zu Materialien, die aufgrund ihrer Werkstoffeigenschaften eine kleinere Abtragsrate haben, kleinere Flankenwinkel. Materialien mit einem höheren Reflexionsgrad verursachen größere Unebenheiten am Boden, da ein höherer Anteil der auf die Wand auftreffenden Strahlung dorthin reflektiert wird.

- Für höhere Energiedichten vergrößert sich die Abtragsrate, so daß sich auch hier steilere Flankenwinkel bei gleicher Tiefe einstellen. Ein höherer Reflexionsgrad und eine höhere Energiedichte führt dazu, daß bei gleicher Abtragstiefe mehr Energie auf den Abtragsboden reflektiert wird.

- Die Kombination eines durch die Maskengeometrie vorgegebenen Strahlprofils mit dem Werkstückvorschub ermöglicht die Herstellung von dreidimensionalen Strukturen, die mit dem Modell berechnet werden können.

- Die Volumenabtragsrate ist mit zunehmender Geschwindigkeit größer, jedoch nimmt die Rauhigkeit zu, da der Überlappungsgrad kleiner wird.

4. Simulation der Materialdampfexpansion

4.1. Phnomenologische Beschreibung der Expansion

Nach bisherigem Prozeßverständnis führt die Expansion des Materialdampfs zu einer Kompression des umgebenden Gases und zur Bildung einer Stoßfront, die ungestörtes Umgebungsgas vom komprimierten Gas trennt. Eine weitere Unstetigkeitsfläche befindet sich zwischen dem Materialdampf und dem komprimierten Umgebungsgas, die als Kontaktfront bezeichnet wird. Zur Veranschaulichung der Lage der beiden Unstetigkeitsflächen zueinander ist in Abb. 4.1 eine Skizze dargestellt, welche auch andere physikalische Gegebenheiten und auftretende Phänomene bei der laserinduzierten Expansion aufzeigt. Die

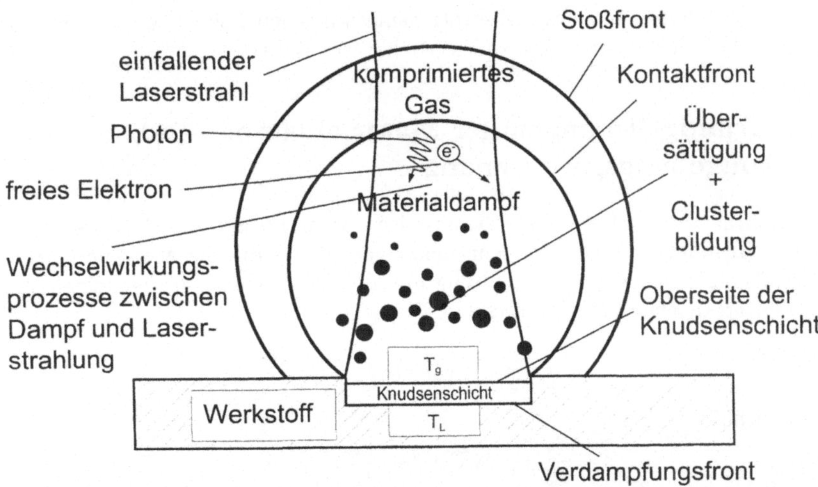

Abb. 4.1.: Schematische Darstellung der Materialdampfexpansion, mit auftretender Stoß– und Kontaktfront sowie gebildeten Clustern.

Grenzfläche zwischen dem flüssigen Material und dem Materialdampf wird als Verdampfungsfront bezeichnet. Oberhalb der Verdampfungsfront existiert eine als Knudsenschicht bezeichnete Zone, in der das im thermischen Nichtgleichgewicht befindliche abdampfende Material innerhalb einiger freier Weglängen in ein Translationsgleichgewicht überführt wird, sobald der Dampfdruck größer wird als der Umgebungsdruck. Diese Schicht stellt eine Verbindung zwischen dem abdampfenden Material und den gas- und thermodynamischen Gegebenheiten oberhalb der Knudsenschicht her, wie z.B. die Dampftemperatur T_g in Abhängigkeit von der Oberflächentemperatur T_L. Aufgrund der Expansion kommt es zu einer Abkühlung und damit zu einer Übersättigung des Dampfes, so daß ein Kondensationsprozeß einsetzen kann. Die entstehenden Cluster können die Laserstrahlung absorbieren und streuen. Des weiteren liegen im heißen Materialdampf freie Elektronen vor, die mit dem Strahlungsfeld des Lasers wechselwirken. Diese Wechselwirkungsprozesse führen dazu, daß die einfallende Laserstrahlung zum Teil von der Werkstückoberfläche abgeschirmt und die Prozeßeffektivität herabgesetzt wird.

Um Möglichkeiten der Effektivitätssteigerung zu eruieren, müssen die Wechselwirkungsmechanismen identifiziert bzw. verstanden und deren Auswirkung auf die Abschirmung berechnet werden. Dazu ist die Kenntnis des Strömungsverhaltens des expandierenden Materialdampfs nötig.

4.2. Physikalische Formulierung der Expansion des verdampften Materials

Zunächst werden in diesem Kapitel die Abströmverhältnisse ohne die Berücksichtigung der Wechselwirkungsprozesse zwischen der Dampf/ Plasmawolke und der Laserstrahlung betrachtet. Damit lassen sich die Einflüsse von Werkstoff, Umgebungsgasart und -druck auf die Expansion unabhängig von Absorptionsmechanismen diskutieren, was einer systhematischen Aufarbeitung der auftretenden Mechanismen dient.

4.2.1. Grundgleichungen der Materialdampf– und Umgebungsgasströmung

Für die zeitliche Berechnung der Strömung der abdampfenden Teilchen werden die instationären Grundgleichungen der Kontinuumsmechanik, die die Massenerhaltung, die Energieerhaltung und die Impulserhaltung umfassen, verwendet. Im einzelnen sind dies die Kontinuitätsgleichung für kompressible Fluide

$$\frac{\partial \varrho}{\partial t} + \nabla(\varrho \mathbf{v}) = 0 \quad , \tag{4.1}$$

die Eulergleichung

$$\frac{\partial \mathbf{v}}{\partial t} + (\mathbf{v}\nabla)\mathbf{v} + \frac{1}{\varrho}\nabla p = 0 \tag{4.2}$$

für nicht reibungsbehaftete Fluide und die Gleichung

$$\frac{\partial e}{\partial t} + \nabla\left((p+e)\mathbf{v}\right) = 0 \quad , \tag{4.3}$$

welche die Energiebilanz unter Vernachlässigung von Energiequelltermen darstellt. Für ein vollständiges Gleichungssystem werden noch die kalorische Zustandsgleichung

$$e = \frac{p}{\gamma - 1} + \frac{\varrho}{2}(u^2 + v^2) \quad , \tag{4.4}$$

wobei u und v die Komponenten des Geschwindigkeitsvektors $\mathbf{v}$ in axialer und radialer Richtung sind, und die thermische Zustandsgleichung in Form der idealen Gasgleichung

$$p = R_{spez}\varrho T \tag{4.5}$$

benötigt.

Um die Strömung des verdampfenden Materials bei Vorhandensein einer Umgebungs-
gasatmosphäre korrekt zu formulieren, ist eine weitere Gleichung nötig, welche die Konzentration des Werkstoffmaterials und des Umgebungsgases klassifiziert. In der Literatur
wird das Verfahren "front–tracking" [57] oder "volume of fluid" (VOF) [58] genannt. Die
zeitliche Änderung der Konzentration C berechnet sich mit

$$\frac{\partial C}{\partial t} + \mathbf{v}\nabla C = 0 \ .$$
(4.6)

Für $C = 1$ besteht das Fluid ausschließlich aus Materialdampf und für $C = 0$ ausschließlich aus Umgebungsgas. Im Mischbereich ist $0 < C < 1$ und die spezifische Gaskonstante
errechnet sich aus $R_{spez} = C \cdot R_{werk} + (1 - C) \cdot R_{gas}$.

Die Erhaltungsgleichungen (4.1) – (4.6) lassen sich auf eine Vektordarstellung der Form

$$\begin{bmatrix} \varrho \\ \varrho u \\ \varrho v \\ e \\ C \end{bmatrix}_t + \begin{pmatrix} 1 \\ 1 \\ 1 \\ 1 \\ u \end{pmatrix} \cdot \begin{bmatrix} \varrho u \\ p + \varrho u^2 \\ \varrho uv \\ (p+e)u \\ C \end{bmatrix}_z + \begin{pmatrix} 1 \\ 1 \\ 1 \\ 1 \\ v \end{pmatrix} \cdot \begin{bmatrix} \varrho v \\ \varrho uv \\ p + \varrho v^2 \\ (p+e)v \\ C \end{bmatrix}_r + \begin{bmatrix} \varrho v/r \\ \varrho uv/r \\ \varrho v^2/r \\ (p+e)v/r \\ 0 \end{bmatrix} = \begin{bmatrix} 0 \\ 0 \\ 0 \\ P(z,r,t) \\ 0 \end{bmatrix}$$
(4.7)

bringen, wobei der vierte Vektor mit eckigen Klammern die Berücksichtigung für die
rotationssymmetrische Formulierung des Problems darstellt. Die ersten drei Vektoren in
eckigen Klammern werden jeweils partiell nach der Zeit t, der axialen Koordinate z und
der radialen Koordinate r abgeleitet.

Kommt es aufgrund von Wechselwirkungsprozessen zwischen dem einfallenden Laserstrahl
und dem ablatierten Targetmaterial bzw. komprimierten Umgebungsgas zu einer Energieaufnahme in der Dampf/ Plasmawolke, so muß diese Energiezufuhr als Quellterm auf der
rechten Seite des Differentialgleichungssystems (4.7) berücksichtigt werden. Die aufgenommene Leistung pro Volumeneinheit $P(z,r,t)$ berechnet sich aus dem Lambert–Beerschen
Gesetz und den jeweiligen Absorptionskoeffizienten der hier betrachteten Absorptionsmechanismen sowie aus der Kondensationsenergie, die aufgrund der Kondensation von
Materialclustern freigesetzt wird. Dies wird erst in Kapitel 5 eingeführt.

4.2.2. Temperaturabhängigkeit der gasdynamischen Konstanten

Die kalorische (4.4) und thermische Zustandsgleichung (4.5) sind jeweils vom Adiabatenexponent γ und von der spezifischen Gaskonstante R_{spez} abhängig, die vom Mischungs-
verhältnis des Umgebungsgases mit dem verdampften Material bestimmt sind. Zusätzlich
sind γ und R_{spez} aufgrund von Dissoziation, Ionisation und der Anregung von Schwingungszuständen temperaturabhängig. Über

$$\gamma = \frac{c_p}{c_v} \quad \text{und} \quad R_{spez} = c_p - c_v$$
(4.8)

sind Adiabatenexponent und spezifische Gaskonstante miteinander verknüpft. Kennt man
die spezifische Gaskonstante und eine der beiden spezifischen Wärmekapazitäten, so läßt
sich der Adiabatenexponent temperaturabhängig bestimmen.

Die temperaturabhängige spezifische Gaskonstante ist aus der Dalton–Beziehung herleitbar, die besagt, daß sich die Partialdrücke der in einem Gasgemisch befindlichen Teilchen zum Gesamtdruck p des Systems addieren. In einem Dampf/ Plasmagemisch können dies Elektronen mit der Teilchendichte n_e, unterschiedlich stark ionisierte Atome mit den jeweiligen Teilchendichten $n_i^+, n_i^{++}, \ldots$ und neutrale Atome mit der Teilchendichte n_a sein. Nicht dissoziierte Anteile eines mehratomigen Gases mit der Teilchendichte n_{A2} sind mit einzubeziehen[1]. Allgemein gilt also

$$p = nk_bT = \left(n_{A2} + n_a + n_e + n_i^+ + n_i^{++} + \ldots\right)k_bT \quad , \tag{4.9}$$

wobei für einatomige Gase oder Materialdämpfe $n_{A2} = 0$ ist. Durch Gleichsetzen der Beziehung (4.5) mit (4.9) ergibt sich für die spezifische Gaskonstante

$$R_{spez} = \frac{k_b}{\varrho}\left(n_{A2} + n_a + n_e + n_i^+ + n_i^{++} + \ldots\right) \quad . \tag{4.10}$$

Unter der Berücksichtigung der Tatsache, daß die gesamte Massendichte durch

$$\varrho = m_{A2}n_{A2} + m_a n_a + m_e n_e + m_a n_i^+ + m_a n_i^{++} + \ldots \tag{4.11}$$

gegeben ist, ergibt sich beispielsweise für Stickstoff und Aluminium die in Abb. 4.2 aufgetragene Temperaturabhängigkeit der spezifischen Gaskonstante und des Adiabatenexponenten.

Aufgrund der Dissoziation des Stickstoffmoleküls kommt es ab zirka 6000 K zu einem Anstieg der spezifischen Gaskonstante. Bei 10000 K ist sie aufgrund der Verdopplung der Teilchenzahl auf den doppelten Wert angestiegen. Wird vollständige Ionisation bei zirka 20000 K erreicht, so kommt es auch hier zu einer Verdopplung der Teilchenzahl (unter Massenerhaltung[2]) und somit zum vierfachen Wert der spezifischen Gaskonstante gegenüber dem Wert unter Normalbedingungen. Ein weiterer Anstieg ergibt sich durch Anregung weiterer Ionisationsstufen. Bei Aluminiumdampf führt die sehr viel niedrigere Ionisationsenergie als bei Stickstoff zu einer Ionisation und zur Verdopplung der spezifischen Gaskonstante bei bereits 7000 K. Der in Abb. 4.2 berechnete Zuwachs der spezifischen Gaskonstante mit der Temperatur für Aluminium ist ausschließlich auf die Ionisation zurückzuführen.

Zur Berechnung des temperaturabhängigen Adiabatenexponenten ist zusätzlich die Betrachtung der spezifischen Wärmekapazität notwendig, die sich im Falle eines konstanten Drucks aus der partiellen Ableitung der gesamten spezifischen Enthalpie h des Systems nach der Temperatur $c_p = \partial h/\partial T$ ergibt. Nach [59] ist die Gesamtenthalpie durch

$$h = \frac{1}{\varrho}\left(m_{A2}h_{A2}n_{A2} + m_a h_a n_a + m_e h_e n_e + m_a h_i^+ n_i^+ + m_a h_i^{++}n_i^{++} + \ldots\right) \tag{4.12}$$

gegeben. Die Enthalpie der Elektronen beträgt $h_e = \frac{1}{m_e}\frac{5}{2}k_bT$. Die Ionisationsenergie für die einfache und zweifache Ionisation E_i^+ und E_i^{++} ist den Enthalpien der Ionen zugeordnet. Für die einfach ionisierten Atome ergibt sich die Enthalpie

$$h_i^+ = \frac{1}{m_a}\left(\frac{5}{2}k_bT + \frac{E_D}{2} + E_i^+ + k_bT^2\frac{\partial}{\partial T}\ln \mathcal{Z}_i^+\right) \tag{4.13}$$

---

[1] Die zur Berechnung der jeweiligen Teilchendichten benötigten Dissoziations– und Ionisationsgrade werden in Anhang A.2 behandelt

[2] die Masse eines Elektrons ist gegenüber der Atommasse zu vernachlässigen.

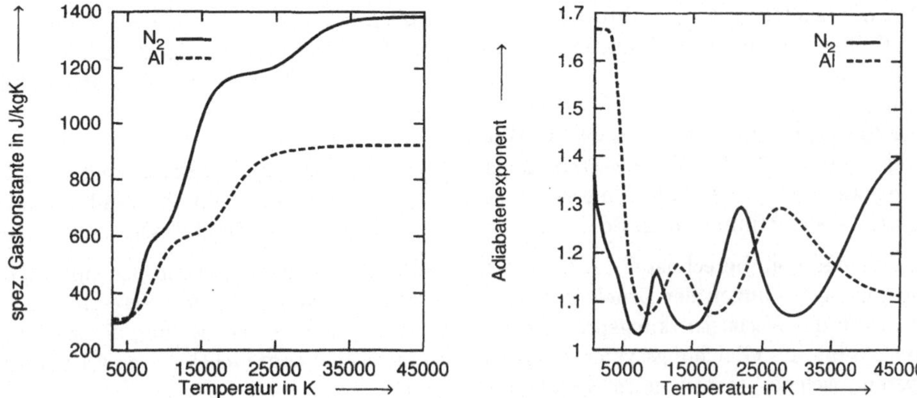

Abb. 4.2.: Spezifische Gaskonstante (links) und Adiabatenexponent (rechts) von Aluminiumdampf und Stickstoff in Abhängigkeit von der Temperatur bei 1 *bar* Druck.

und fr die zweifach ionisierten Atome

$$h_i^{++} = \frac{1}{m_a} \left(\frac{5}{2} k_b T + \frac{E_D}{2} + E_i^+ + E_i^{++} + k_b T^2 \frac{\partial}{\partial T} \ln \mathcal{Z}_i^{++} \right) \quad . \tag{4.14}$$

Höher ionisierte Atome werden hier vernachlässigt. Die Enthalpie der nicht ionisierten Atome läßt sich mit

$$h_a = \frac{1}{m_a} \left(\frac{5}{2} k_b T + \frac{E_D}{2} + k_b T^2 \frac{\partial}{\partial T} \ln \mathcal{Z}_a \right) \tag{4.15}$$

berechnen. Für Teilchen, die aufgrund einer Dissoziation von Dimeren entstanden sind, enthalten die Enthalpien der einfach und zweifach ionisierten sowie die der nicht ionisierten Atome zusätzlich einen Anteil der Dissoziationsenergie E_D, der aufgrund der Dissoziation eines Dimers auf die beiden entstandenen Teilchen in gleichen Anteilen verteilt wird. Des weiteren sind Anteile berücksichtigt, die sich aus der Elektronenanregung im Atom bzw. in den Ionen ergeben. Die für die Berechnung notwendigen Zustandssummen sind jeweils mit $\mathcal{Z}_a$, $\mathcal{Z}_i^+$ und $\mathcal{Z}_i^{++}$ bezeichnet. Der Term $\frac{5}{2} k_b T$ ist der Beitrag der Translation zur Enthalpie. Bei zweiatomigen Molekülen liefert zusätzlich die Rotation und die Anregung von Schwingungen (Vibronen) einen Beitrag zur Enthalpie der Moleküle. Dabei kann von einer Entkopplung der Rotation von der Schwingungsanregung ausgegangen werden, da das Molekül in der Regel zuvor dissoziiert [17]. Aus dem gleichen Grund können die Beiträge der inneren Elektronenanregung gegenüber Rotations– und Vibrationsanregung vernachlässigt werden. Die Vibrationsenergie wird durch eine Planckfunktion ausgedrückt, und die Enthalpie für die Moleküle wird somit mit

$$h_{A2} = \frac{1}{m_{A2}} \left(\frac{7}{2} k_b T + \hbar \omega_{vib} \frac{e^{-\frac{\hbar \omega_{vib}}{k_b T}}}{\left(1 - e^{-\frac{\hbar \omega_{vib}}{k_b T}} \right)^2} \right) \tag{4.16}$$

berechnet, wobei $\hbar \omega_{vib}$ die Energie zur Anregung eines Vibrationsniveaus ist. Die Dissoziationsenergie beträgt für Stickstoff $E_D = 9,74~eV$ und die Energie zur Anregung eines Vibrationsniveaus ist $\hbar \omega_{vib} = 0,288~eV$ [17].

Auf der rechten Seite der Abb. 4.2 ist der Adiabatenexponent von Aluminium und Stickstoff über der Temperatur aufgetragen. Ausgehend vom Wert $\gamma = \frac{5}{3}$ für Aluminium, der sich aus einer Betrachtung der Freiheitsgrade f $\gamma = (f+2)/f$ ergibt, werden aufgrund der Anregung sogenannter Quasifreiheitsgrade durch die Ionisation Werte erreicht, die nahe bei eins liegen und jeweils ein lokales Minimum bei der Temperatur haben, bei der jeweils vollständige einfache oder zweifache Ionisation erreicht wird. Bei Stickstoff liegt der Ausgangswert bei $\gamma = \frac{7}{5}$, fällt dann wegen der Anregung von Schwingungszuständen auf ein erstes lokales Minimum, und ein weiteres lokales Minimum tritt bei der Dissoziation auf.

Ausgehend vom berechneten Lösungsvektor (siehe Gleichung (4.7)) kann nun mittels der Zustandsgleichungen der Druck und die Temperatur berechnet werden. Diese Größen bestimmen die Wechselwirkungsprozesse mit der einfallenden Laserstrahlung, die wiederum die Lösung des Gleichungssystems ändern. Dies führt zu einem nichtlinearen Gleichungssystem, welches iterativ gelöst werden muß.

Der letzte Abschnitt hat gezeigt, daß zur Berechnung der spezifischen Gaskonstante und des Adiabatenexponenten der Dissoziations– und Ionisationsgrad bekannt sein muß. In dieser Arbeit werden diese Größen mit einer Gleichgewichtsapproximation berechnet. Die benutzten Beziehungen und erhaltenen Ergebnisse finden sich im Anhang A.2.

4.2.3.   Die Knudsenschicht als Randbedingung

Die intensive laserinduzierte Verdampfung führt zur Ausbildung einer Knudsenschicht, in der sich Temperatur, Druck, Geschwindigkeit und Dichte über die Distanz einiger freier Weglängen ändern. Die Erhaltungssätze für Masse, Impuls und Energie behalten jedoch volle Gültigkeit. Die gasdynamischen Größen vor und nach der Knudsenschicht wurden approximativ in verschiedenen Modellen abgeleitet [4,7,62]. Für diese Arbeit wurden die Sprungbedingungen aus [4] entnommen, sie haben die Form

$$\frac{T_g}{T_L} = \left[\sqrt{1 + \frac{\pi\,\gamma_{werk}}{2}\left(\frac{\gamma_{werk}-1}{\gamma_{werk}+1}\frac{M}{2}\right)^2} - \sqrt{\frac{\pi\,\gamma_{werk}}{2}}\,\frac{\gamma_{werk}-1}{\gamma_{werk}+1}\frac{M}{2}\right]^2$$

$$\frac{\varrho_g}{\varrho_L} = \sqrt{\frac{T_L}{T_g}}\left[\left(\frac{\gamma_{werk}}{2}M^2 + \frac{1}{2}\right)e^{\frac{\gamma_{werk}}{2}M^2}\,\mathrm{erfc}\!\left(\sqrt{\frac{\gamma_{werk}}{2}}\,M\right) - \sqrt{\frac{\gamma_{werk}}{2\,\pi}}\,M\right]$$

$$+\frac{1}{2}\frac{T_L}{T_g}\left[1 - \sqrt{\frac{\pi\,\gamma_{werk}}{2}}\,M\,e^{\frac{\gamma_{werk}}{2}M^2}\,\mathrm{erfc}\!\left(\sqrt{\frac{\gamma_{werk}}{2}}\,M\right)\right] \tag{4.17}$$

$$\beta = \left[(\gamma_{werk}M^2 + 1) - M\sqrt{\frac{\pi\,\gamma_{werk}\,T_L}{2\,T_g}}\right]e^{\frac{\gamma_{werk}}{2}M^2}\frac{\varrho_L}{\varrho_g}\sqrt{\frac{T_L}{T_g}}\;.$$

Die Machzahl M und die Größen mit dem Index g beziehen sich auf den Zustand an der oberen Grenze der Knudsenschicht:

$$\dot{M} = \frac{v_g}{\sqrt{\gamma_{werk}\,R_{werk}\,T_g}}\;. \tag{4.18}$$

Die Massenbilanz über die Schicht hinweg lautet gemäß [4]

$$\varrho_g v_g = \varrho_L\sqrt{\frac{R_{werk}\,T_L}{2\,\pi}} + \beta\varrho_L\sqrt{\frac{R_{werk}\,T_g}{2\,\pi}}\left[\sqrt{\frac{\pi\,\gamma_{werk}}{2}}\,M\,\mathrm{erfc}\!\left(\sqrt{\frac{\gamma_{werk}}{2}}\,M\right) - e^{-\frac{\gamma_{werk}}{2}M^2}\right],$$

$$\tag{4.19}$$

wobei der Term auf der linken Seite die Massenstromdichte bezeichnet, der die Knudsenschicht verläßt. Der erste Term auf der rechten Seite beschreibt die Massenstromdichte, die die über die Verdampfungsfront in die Knudsenschicht hineinfließende Masse quantifiziert, der zweite Term, der für $0 \leq M \leq 1$ negativ ist, beschreibt den Anteil, der wieder auf die Werkstückoberfläche zurückfließenden Masse. Hierbei wird angenommen, daß die zurückströmenden Partikel dort rekondensieren. Letztendlich entspricht die Massenstromdichte, die in die umgebende Atmosphäre expandiert, der Abnahme des Werkstoffmaterials je bestrahlter Flächeneinheit und kann durch

$$\varrho_g v_g = \varrho_{liq} v_n \tag{4.20}$$

beschrieben werden. Um den mathematischen Aufwand zu reduzieren, wurde angenommen, daß das Material oberhalb der Knudsenschicht mit Schallgeschwindigkeit abströmt. Somit ist $M = 1$ und die Sprungbedingungen (4.17) für ein einatomiges Gas reduzieren sich damit auf

$$\frac{T_g}{T_L} = 0.669, \quad \frac{\varrho_g}{\varrho_L} = 0.308, \quad \beta = 6.287 \quad , \tag{4.21}$$

so daß mit Hilfe von (4.20) die Verdampfungsfrontgeschwindigkeit

$$v_n = 0.816 \frac{p_L}{\varrho_{liq}} \sqrt{\frac{1}{2\,\pi\,R_{werk}\,T_L}} \tag{4.22}$$

berechnet werden kann. Die Vereinfachung $M = 1$ würde jedoch bedeuten, daß $v_n > 0$ für alle T_L ist. Deshalb wurde, wie bereits bei der Einführung der Gleichung (2.9) dargelegt ist, die Sprungbedingung $v_n = 0$ für $T_L < T_{eva}$ und Gleichung (4.22) für $T_L \geq T_{eva}$ eingeführt. Aus physikalischer Sicht läßt sich das damit rechtfertigen, daß durch den nahezu instantanen Energieeintrag bei Verwendung von Kurzpulslasern die Temperatur T_L innerhalb ein paar Nanosekunden auf Werte deutlich über T_{eva} ansteigt, so daß man tatsächlich von einem Sprung asgehen kann. Die Dichte des gasförmigen Materials an der Verdampfungsfront ϱ_L kann über das ideale Gasgesetz aus der Oberflächentemperatur und dem Dampfdruck, der mit Gleichung (2.8) berechenbar ist, bestimmt werden. Letztendlich führt dies auf die Gleichung (2.9), die auch im Abtragsmodell die Verdampfungsfrontgeschwindigkeit berechnet. Ausgehend von der Oberflächentemperatur lassen sich damit alle für die Strömungsberechnung notwendigen Randwerte unter der Annahme, daß die Machzahl an der oberen Grenze der Knudsenschicht gleich eins ist, berechnen.

4.2.4. Temperaturverlauf an der Oberfläche

Die zeitliche Entwicklung der Oberflächentemperatur $T_L = T_L(t)$ folgt aus der Lösung der Wärmeleitungsgleichung (2.1) unter Berücksichtigung der Stefansbedingung (2.3) bzw. (2.5). Abb. 4.3 zeigt exemplarisch die Zeitverläufe der Oberflächentemperatur bei Bestrahlung von Kupfer mit einem Excimerlaser bei verschiedenen Energiedichten. Je höher die Energiedichte ist, desto eher folgt der Anstieg der Temperatur zu Beginn des Pulses dem eigentlichen Laserpulsverlauf (siehe z.B. Abb. 4.6). Am Pulsende nach 60 ns liegen die Werte der Oberflächentemperatur noch immer oberhalb von 2839 K, der Verdampfungstemperatur von Kupfer.

Der zeitliche Verlauf der Oberflächentemperatur für verschiedene Materialien bei einer konstanten Energiedichte ist in Abb. 4.3 auf der rechten Seite aufgetragen. Bereits in Abschnitt 3.1.3 wurde diskutiert, daß die Materialeigenschaften Einfluß auf die Abtragsraten

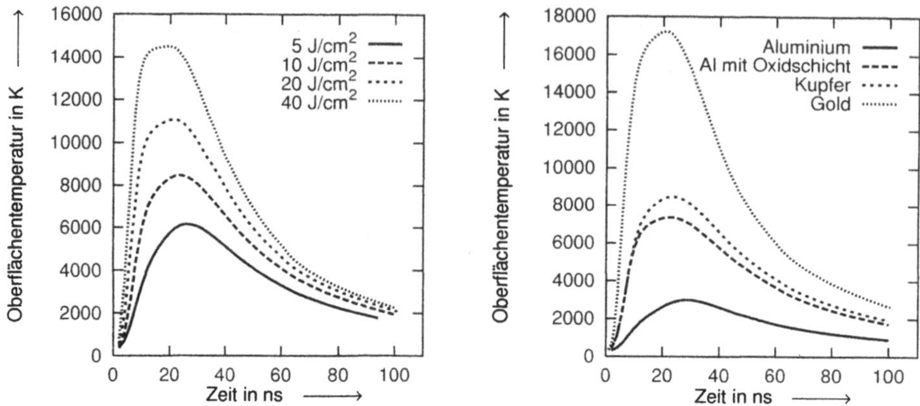

Abb. 4.3.: Simulation des zeitlichen Verlaufs der Oberflächentemperatur beim Abtragen von Kupfer mit einem Excimerlaser für verschiedene Energiedichten (links) und berechneter Temperaturverlauf an der Oberfläche für verschiedene Werkstoffe einer Energiedichte von 10 J/cm^2 (rechts).

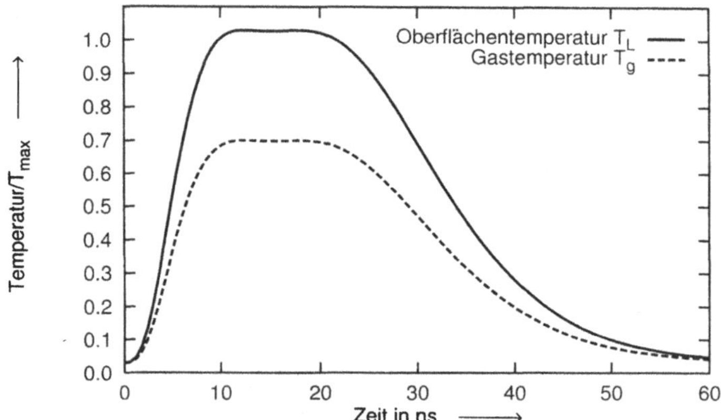

Abb. 4.4.: Vorgegebener Oberflächentemperaturverlauf und Temperatur an der oberen Grenze der Knudsenschicht bezogen auf die maximale Oberflächentemperatur T_{max}.

haben. Aufgrund dieser unterschiedlichen Materialeigenschaften kommt es konsequenterweise auch zu stark unterschiedlichen maximal erreichbaren Oberflächentemperaturen.

Die in Abb. 4.3 dargestellten zeitlichen Verläufe der Oberflächentemperaturen werden zunächst qualitativ durch den zeitlichen Verlauf des Laserpulses approximiert. Wie in Abb. 4.4 dargestellt ist, ist der zeitliche Verlauf der Oberflächentemperatur dann durch Angabe der maximalen Temperatur T_{max} und der Umgebungstemperatur T_∞ festgelegt. Der Wert T_{max} wird dabei so gewählt, daß für die jeweilige Energiedichte und das jeweilige Material das entsprechende Temperaturmaximum des approximierten Verlaufs mit dem durch Wärmeleitungsberechnungen ermittelten Maximums der Oberflächentemperatur übereinstimmt. Diese Vorgehensweise birgt eine Inkonsistenz in sich, falls zur Intensität nicht die zugehörige Oberflächentemperatur gewählt wird. Der Verlauf der Oberflächentemperatur und damit die Abströmgeschwindigkeit sollte eigentlich unmittelbar aus dem Anteil der in das Werkstück eingekoppelten Energie berechnet werden. Durch die Vorgabe des Oberflächentemperaturverlaufs wird jedoch die Berechnung der Expansion von der Bestimmung der Abtragsraten aus Kapitel 3.1 entkoppelt, wodurch der numerische Aufwand klein gehalten wird, so daß die Untersuchung der physikalischen Phänomene im Materialdampf mit zumutbaren Rechenzeiten durchgeführt werden kann. Eine Verknüpfung der beiden Modelle und damit eine konsistente Beschreibung des gesamten Abtragsprozesses findet sich in Kapitel 6.

4.3. Lösung mit dem Finite–Differenzen–Verfahren

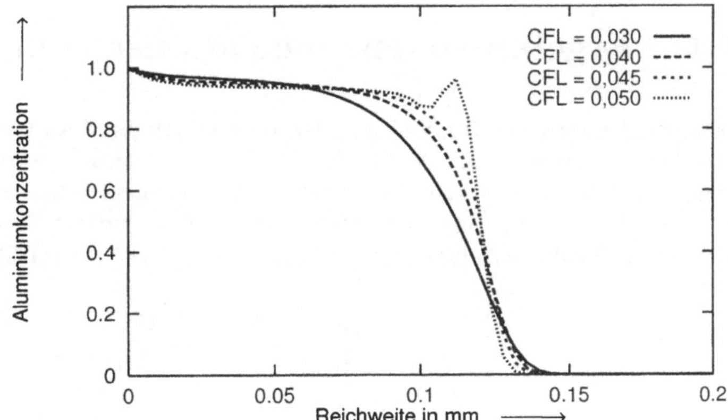

Abb. 4.5.: Aluminiumkonzentration entlang der optischen Achse für verschiedene CFL–Faktoren nach 40 ns für eine maximale Oberflächentemperatur von 10000 K und Stickstoff als Umgebungsgas.

Das Differentialgleichungssystem, das die Expansion des verdampften Materials beschreibt, wird mittels eines Finite–Differenzen–Verfahrens gelöst. Dies beruht in seiner Grundstruktur auf einem von Holzwarth [63,64] und Jacoby [65] modifizierten McCormack–Rechenschema. Das Differentialgleichungssystem (4.7) wird dabei nach der Prädiktor–Korrektor–Methode im Time–Splitting–Verfahren gelöst. Eine ausführliche Darstellung der diskretisierten Gleichungen ist im Anhang A.3 gegeben. Der optimale Zeitschritt berechnet sich nach einem Kriterium von Courant, Friedrichs und Lewy [66], nach dem die Ausbreitung einer Störung in einem Kontinuum im allgemeinen nicht schneller als die maximale Schallgeschwindigkeit sein darf, durch

$$\Delta t \; = \; CFL \cdot \min\left(\frac{\Delta z}{|u| + a_s}, \frac{\Delta r}{|v| + a_s} \right) \quad , \tag{4.23}$$

mit den Maschenweiten Δz, Δr und der lokalen Schallgeschwindigkeit a_s.

Der Faktor CFL ist eine Dämpfungskonstante, die möglichst nahe bei 1 liegen sollte. Aufgrund der hohen Stoßstärken, die beim Abtragen mit Kurzzeitpulslasern auftreten, kommt es für eine zu geringe Dämpfung zu Instabilitäten des Programms und unter Umständen zu einem Abbruch der Simulationsrechnung. Um stabile Rechnungen zu ermöglichen, mußte der CFL-Faktor je nach Parametervorgabe im Bereich zwischen $0,03$ und $0,13$ gewählt werden. Für den in Abb. 4.5 dargestellten Fall mit $CFL = 0,05$ tritt ein Überschwinger für die Aluminiumkonzentration auf, der aufgrund der geringen Dämpfung zum Abbruch des Programms führt. Kleine Faktoren verursachen jedoch neben der Dämpfung auch ein Abflachen von Unstetigkeiten. In Abb. 4.5 zeigt sich, daß die Aluminiumkonzentration für die kleineren CFL-Faktoren über mehrere Knoten (Knotenabstand beträgt in diesem Fall 5 μm) von 1 auf 0 abnimmt. Bei der Betrachtung und physikalischen Interpretation der numerischen Ergebnisse, z.B. hinsichtlich der Lage der Kontaktfront, die über die Konzentration des Materialdampfes gegeben ist, ist diese numerische Einflußnahme zu berücksichtigen.

4.4.   Ergebnisse der Simulationsrechnungen

Im folgenden wird die Ausbreitung der Materialdampf/ Plasmawolke unter Einfluß verschiedener Umgebungsgase und Drücke sowie für verschiedene Materialien zu unterschiedlichen Zeitpunkten diskutiert. Die Angabe des Zeitpunkts bezieht sich auf den Pulsbeginn, so ist in Abb. 4.7 das Geschwindigkeits– und Temperaturfeld für 20 ns, 40 ns, 60 ns und 80 ns nach Pulsbeginn dargestellt. Aus Abb. 4.6, in der der zeitliche Verlauf des verwen-

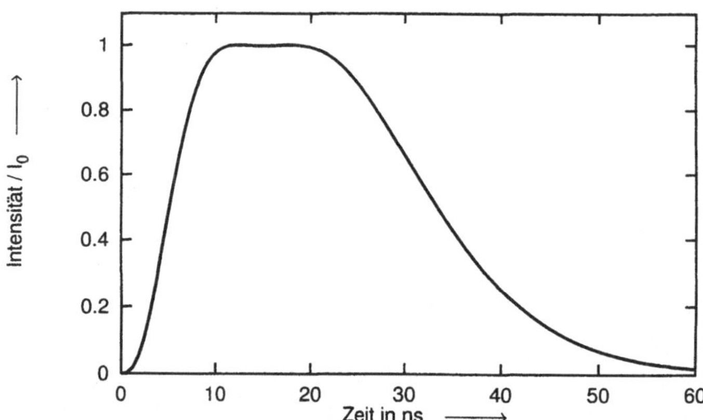

Abb. 4.6.: Zeitlicher Verlauf des Laserpulses bezogen auf den maximalen Wert der Intensität.

deten Laserpulses in relativen Einheiten präsentiert ist, erkennt man, daß die Zeitpunkte 20 ns und 40 ns innerhalb des Laserpulses liegen, der Zeitpunkt 60 ns sich am Ende des Laserpulses und der Zeitpunkt 80 ns sich nach dem Laserpuls befindet. Während des Laserpulses bei 20 ns herrscht ein ebenes Strömungsfeld des verdampfenden Materials, das jedoch nach 40 ns eine kugelsymmetrische Form annimmt. Nach 38 ns fällt

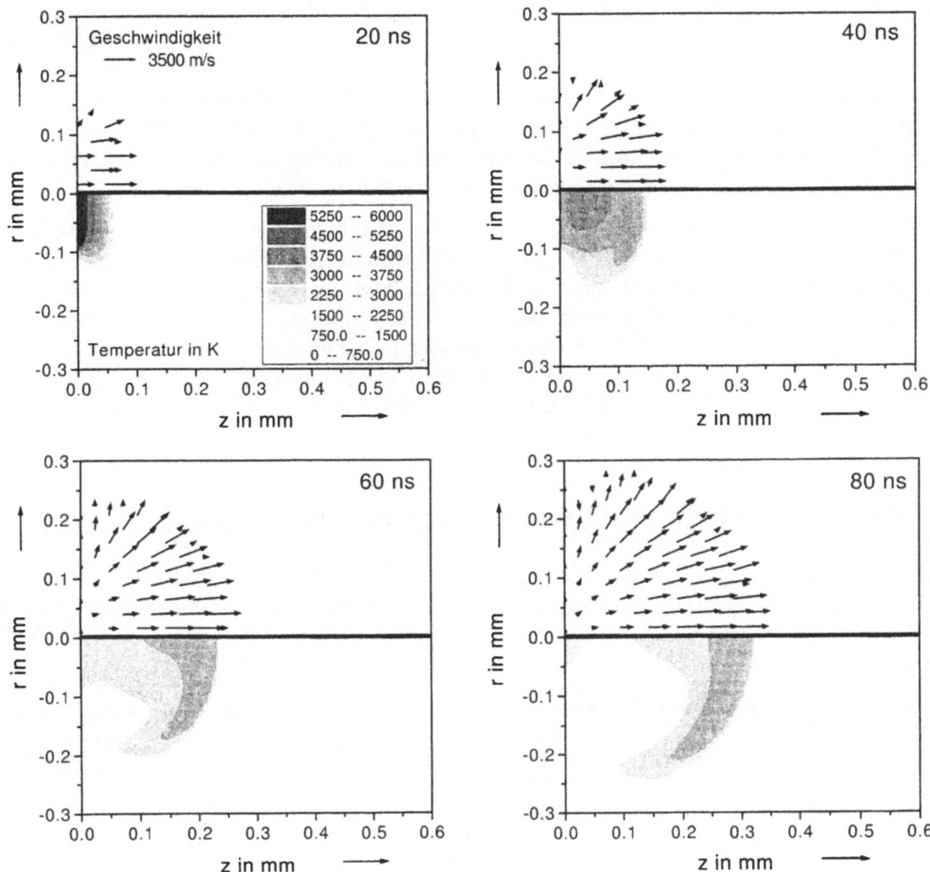

Abb. 4.7.: Geschwindigkeits– und Temperaturfeld der Expansion für 20 ns, 40 ns, 60 ns und 80 ns nach Laserpulsbeginn mit $T_{max} = 10000\ K$, dem Werkstoffmaterial Al, dem Umgebungsgas N_2 bei einem Druck von 1 bar.

die Oberflächentemperatur unter die Verdampfungstemperatur, so daß die Strömungsgeschwindigkeit an der Materialoberfläche null wird. Für größere Zeiten erfolgt der Anstieg des Geschwindigkeitsbetrages von null an der Oberfläche hin zur Stoßfront nahezu linear und deckt sich somit qualitativ mit den Voraussagen der analytischen Stoßwellentheorie nach Sedov [28,27]. Die maximale Geschwindigkeit befindet sich demnach immer an der Stoßfront und beträgt hier nach 80 ns zirka 4000 m/s. Auffällig ist hierbei, daß sich an der Materialoberfläche ein Wirbel bildet, der dazu führt, daß die Dampfwolke an der Oberfläche eingeengt ist. Vergleichbare experimentelle Untersuchungen zeigen ein äquivalentes Ausbreitungsverhalten [28].

In den jeweils unteren Hälften der Teilbilder von Abb. 4.7 ist das zugehörige Temperaturfeld dargestellt. Bei 20 ns nach Laserpulsbeginn hat die Oberflächentemperatur ihr Maximum erreicht, wodurch die höchste Temperatur des Feldes sich direkt an der Probenoberfläche befindet. Danach kühlt diese ab, und das Maximum des Temperaturfeldes verschiebt sich zum Zentrum des Materialdampfs. Da die Stoßfront weiterhin noch durch dahinter liegendes und nachströmendes Material beschleunigt wird, wird die Stoßfront zunehmend stärker komprimiert, und der Temperatursprung an der Stoßfront wächst an, so daß die höchsten Temperaturen ab etwa 60 ns unmittelbar hinter der Stoßfront herrschen. Die Temperatur an der Stoßfront ist in Ausbreitungsrichtung entlang der Symmetrieachse am höchsten und nimmt in radialer Richtung deutlich ab.

Ein qualitativ ähnliches Verhalten berechnet Aden [61] beim Abtragen von Eisen in Stickstoffatmosphäre von 1 $mbar$ mit einem TEA CO_2–Laser. Auch hier steigt die Strömungsgeschwindigkeit zur Stoßfront an, und der Druck bzw. die Temperatur an der Stoßfront wächst mit zunehmender Zeit. Aden begründet dies mit teilweise absorbierter Laserstrahlung, wobei es nicht zur Bildung einer LSA–Welle kommt [67]. Aufgrund des hier angenommenen Umgebungsdrucks von 1 bar reicht die Kompression aus, die Temperatur an der Stoßfront zu steigern (der Einfluß der Absorptionsmechanismen auf die Strömung wird ja erst in Abschnitt 5.3 diskutiert).

4.4.1. Werkstoffeinfluß auf die Expansionsströmung

Um den Einfluß des Werkstoffs auf die Materialdampfausbildung zu verdeutlichen, werden die Resultate der Strömungsberechnungen für Kupfer und Aluminium gegenübergestellt. Für beide Materialien wurde eine maximale Oberflächentemperatur von $T_{max} = 10000\ K$ angenommen.

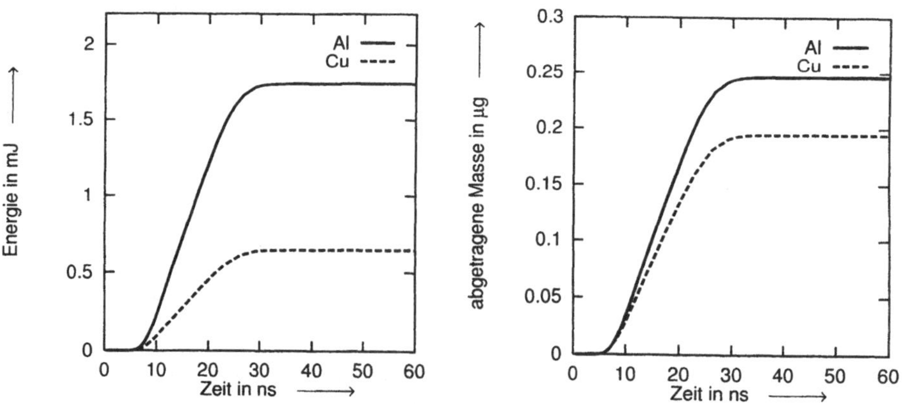

Abb. 4.8.: Gesamte Energie des abströmenden Materials und abgetragene Masse pro Puls für Aluminium und Kupfer bei einer maximalen Oberflächentemperatur von 10000 K.

Abb. 4.8 untermauert, daß aufgrund der höheren Verdampfungsenthalpie und Schallgeschwindigkeit von Aluminium gegenüber Kupfer die gesamte Energie des abströmenden Materials[3] und die abgetragene Masse für Aluminium bei gleicher Oberflächentemperatur beträchtlich höher ist als für Kupfer. Dies führt, wie Abb. 4.9 zeigt, zu einem stark

---

[3]Diese ist aus der massenspezifischen inneren und kinetischen Energie

$k_b T/((\gamma_{werk} - 1)m_a)\ +\ v_g^2/2$ an der Oberseite der Knudsenschicht berechenbar. Wie in Kapitel

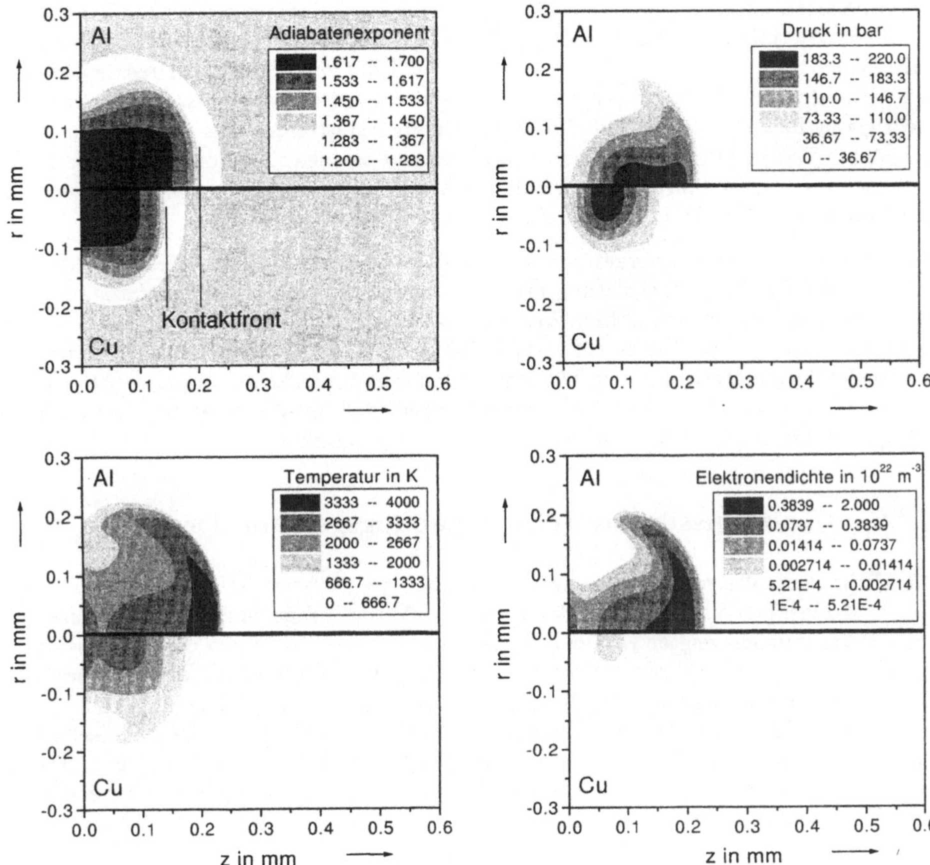

Abb. 4.9.: Gegenüberstellung der räumlichen Verteilung von Adiabatenexponenten, Druck, Temperaturfelds und Elektronendichte nach 60 *ns* beim Abtragen von Aluminium und Kupfer in einer Stickstoffatmosphäre bei einem Druck von 1 *bar* und einer maximal angenommenen Oberflächentemperatur von 10000 K ohne Wechselwirkungsmechanismen im Materialdampf.

unterschiedlichen Ausbreitungsverhalten. Es ist ersichtlich, daß die Ausbreitungsgeschwindigkeit des Aluminiumdampfes wesentlich höher ist als die des Kupferdampfes. Dadurch ist der Temperatursprung an der Stoßfront aufgrund der höheren Kompression größer und die Temperatur über den gesamten Bereich der Wolke für Aluminium höher als für Kupfer. Das erste Bild in der linken oberen Ecke der Abb. 4.9 zeigt den Adiabatenexponenten. Im unbeeinflußten Umgebungsgas beträgt er 1,4. Aufgrund der Anregung von Schwingungszuständen und der Dissoziation fällt er in der Stoßfront auf 1,2. An der Kontaktfront, deren Lage über die Materialdampfkonzentration berechnet wird, steigt

---

3.1.2 dargelegt wurde, würde für Aluminium ohne Oxidschicht natürlich eine viel höhere Pulsenergie benötigt, um auf 10000 K zu kommen als für Kupfer.

der Adiabatenexponent auf 5/3 an. Dieser Sprung im Adiabatenexponenten kann damit zur Identifizierung der Kontaktfront benutzt werden. Demnach liegt diese bei Aluminium nach 60 ns bei zirka 210 μm. Ein vergleichender Blick zum Bild in der rechten unteren Ecke – wo die Elektronendichten aufgetragen sind – zeigt, daß die Ionisation aufgrund des niedrigeren Ionisationspotentials im Materialdampf stattfindet. Der höhere Druck und die höhere Temperatur des Aluminiumdampfes und die niedrigere Ionisierungsenergie im Vergleich zu Kupfer führt dazu, daß die Elektronendichte im Falle von Aluminium um den Faktor 20 größer ist als bei Kupfer.

Im Gegensatz zu den hier vorgestellten Ergebnissen zeigen jedoch experimentelle Untersuchungen der Stoßwellenausbreitung mittels Hochgeschwindigkeitsschlierenfotografie, daß diese unabhängig vom gewählten Werkstoffmaterial ist [72]. Des weiteren liegt die maximal berechnete Elektronendichte von $2 \cdot 10^{22}$ m^{-3} deutlich unter der z.B. mittels der Zweiwellenlängeninterferometrie [69] gemessenen Elektronendichte. Daraus ergibt sich also unmittelbar der Hinweis und die Notwendigkeit, daß im Modell weitere physikalische Wirkprinzipien berücksichtigt werden müssen (siehe Kapitel 5).

4.4.2. Beeinflussung durch Umgebungsgas und Druck

Die Ausbreitung des verdampfenden Materials und die gasdynamischen Größen im Dampf werden maßgeblich durch den Druck [68] und die Art des Umgebungsgases beeinflußt [69]. Erste Berechnungen zeigten [70], daß bei Verwendung eines leichteren Umgebungsgases es zu einer schnelleren Ausbreitung der Stoßwelle und des Metalldampfs kommt. Daraus resultiert, wie in Abb. 4.10 dargestellt ist, daß sich die Temperatur und die Elektronendichte in der Dampf/ Plasmawolke bei Verwendung von Argon und Helium völlig unterschiedlich einstellen. Während bei Helium weder in der Stoßfront noch im dahinterliegenden Dampf kaum eine Ionisation auftritt, kommt es in Argon zu einer hohen Elektronendichte; die Ursachen werden im folgenden erörtert.

Selbst im Vergleich zu Stickstoff (siehe Abb. 4.7) ist trotz einer nahezu gleichen Ausbreitungsgeschwindigkeit der Stoßfront der Temperatursprung in Argon höher. Dieses Verhalten kann unmittelbar mit einer der Rankine–Hugoniotschen Stoßbedingungen [71]

$$\frac{T_2}{T_1} = \frac{[2\gamma_{gas} M_c^2 - (\gamma_{gas} - 1)]\,[(\gamma_{gas} - 1)\, M_c^2 + 2]}{(\gamma_{gas} + 1)^2\, M_c^2} \tag{4.24}$$

nachvollzogen werden, wobei T_1 und T_2 die Temperaturen vor der Stoßfront bzw. nach der Stoßfront sind. Die Machzahl M_c ist nach $c_s/\sqrt{\gamma_{gas} R_{gas} T_1}$ berechenbar. Für eine Stoßfrontgeschwindigkeit c_s von 4000 m/s beträgt die Machzahl in Argon 12,4 und in Stickstoff 11,3. Dies führt auf eine Temperatur hinter der Stoßfront von $T_2 = 14670\ K$ in Argon und $T_2 = 7700\ K$ in Stickstoff. Trotz einer wesentlich höheren Stoßgeschwindigkeit in Helium ist der Temperatursprung im Vergleich zu Stickstoff und Argon sehr gering. Mit der Annahme von 5700 m/s ergibt sich für Helium eine Temperatur hinter der Stoßfront von nur 3180 K.

Die numerische Lösung der Eulergleichungen bestätigen die mit Gleichung (4.24) durchgeführten Abschätzungen und führen darüber hinaus auf genauere quantitative Resultate, da im numerischen Modell zusätzlich Dissoziation und Ionisation mit einbezogen werden können, was eine Absenkung der Temperatur zur Folge hat. So steigt die Temperatur

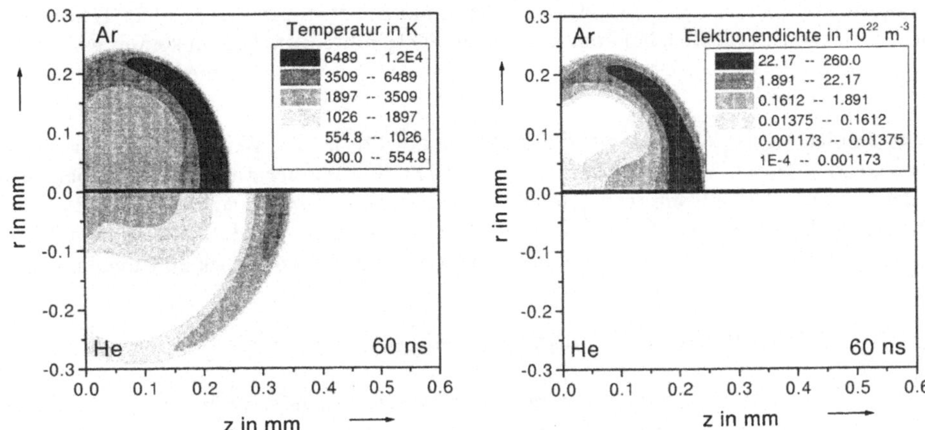

Abb. 4.10.: Temperatur und Elektronendichte in der Dampfwolke nach 60 ns beim Abtragen von Aluminium in einer Argon– und Heliumatmosphäre bei einem Druck von 1 *bar* und einer maximal angenommenen Oberflächentemperatur von 10000 K.

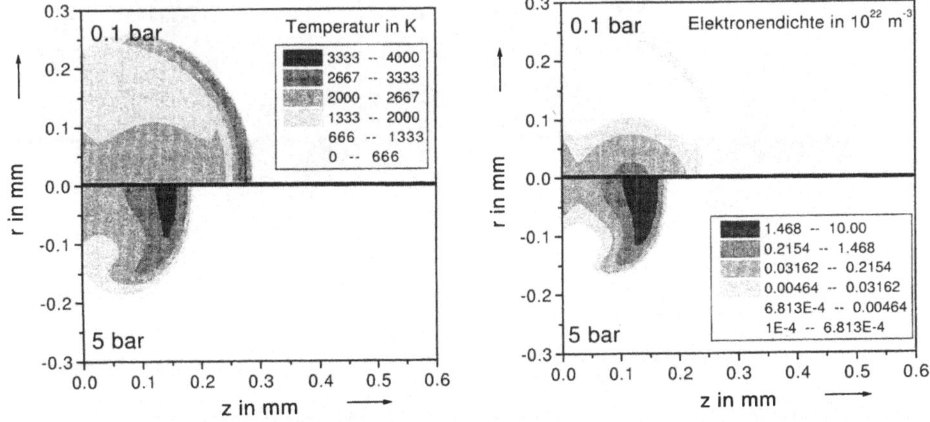

Abb. 4.11.: Temperatur und Elektronendichte in der Dampfwolke beim Abtragen von Aluminium in einer Stickstoffatmosphäre bei Drücken von 5 *bar* und 100 *mbar* bei einer maximal angenommenen Oberflächentemperatur von 10000 K.

nach 60 *ns* bei Argon aufgrund der Ionisation nur auf 12000 K und bei N_2 aufgrund der Dissoziation und der Anregung von Schwingungszuständen lediglich auf nur zirka 4000 K. Höhere Temperaturen an der Stoßfront im komprimierten Umgebungsgas führen auch zu höheren Temperaturen hinter der Kontaktfront, so daß auch in diesem Bereich bei Verwendung von Argon höhere Elektronendichten vorliegen als bei Stickstoff. Direkt an der Targetoberfläche sind die Elektronendichten jedoch wieder nahezu gleich groß.

Die Ionisierungsenergie von Argon ($E_i^+ = 15.75\ eV$) und des atomaren Stickstoffs ($E_i^+ =$

14.54 eV) sind nahezu gleich groß. Daher kann nur die etwa dreimal so hohe Temperatur bei Argon zu der erheblich höheren Elektronendichte führen. In Helium kommt es dagegen aufgrund des hohen Ionisierungspotentials ($E_i^+ = 24.58\,eV$) und der niedrigen Temperatur zu keiner Ionisation.

Eine ähnlich starke Wirkung auf die Elektronendichte in der Wolke hat der Druck des umgebenden Gases. Wie Abb. 4.11 zeigt, erreicht die Temperatur im Dampf bei 5 bar aufgrund der höheren Kompression höhere Werte als bei 100 $mbar$, so daß dort dadurch die Elektronendichte bis auf $10^{23}\,m^{-3}$ ansteigt. Die Temperaturen und die Elektronendichten an der Materialoberfläche zeigen sich hingegen unbeeinflußt vom Druck im Umgebungsgas.

4.4.3. Einfluß der Oberflächentemperatur

Eine höhere maximale Oberflächentemperatur, welche bei höherer Intensität der Laserstrahlung erreicht wird, verursacht mehr verdampfendes Material, das mit einer höheren Geschwindigkeit abströmt. Abb. 4.12 illustriert, daß dadurch die Temperaturen, die Elektronendichten und die Stoßfrontgeschwindigkeiten ansteigen. Die maximalen Werte der Temperatur und der Elektronendichte liegen nach 60 ns auch hier an der Kontaktfront.

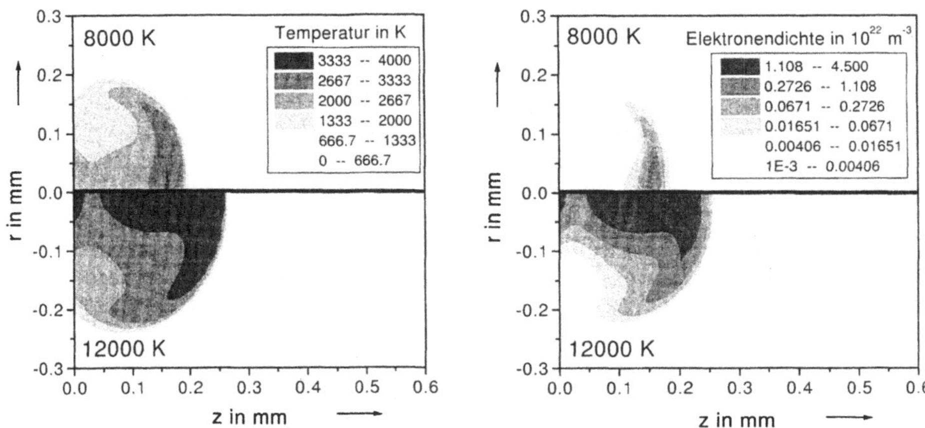

Abb. 4.12.: Temperatur und Elektronendichte in der Dampfwolke 60 ns nach Laserpulsbeginn mit einer maximalen Oberflächentemperatur von 8000 K und 12000 K und einem Umgebungsdruck von 1bar, Material: Aluminium.

4.4.4. Vergleich mit der Stoßwellentheorie nach Sedov

Die Ausbreitung von Stoßwellen nach starken Explosionen kann auch mit Hilfe der Sedovschen Stoßwellentheorie beschrieben werden [27]. Danach ist das Weg–Zeit–Gesetz der Stoßwellenfront und die Stoßfrontgeschwindigkeit für kugelsymmetrische Verhältnisse durch

$$r_2 = \lambda_0 \left(\frac{E_0}{\varrho_1}\right)^{1/5} \cdot t^{2/5} \,, \quad c_s = \frac{2}{5} \cdot \frac{r_2}{t} \tag{4.25}$$

gegeben. Die Sprungbedingungen an der Stoßfront lauten:

$$v_2 = \frac{2}{\gamma_{gas}+1} c_s \; , \quad \varrho_2 = \frac{\gamma_{gas}+1}{\gamma_{gas}-1} \; , \quad p_2 = \frac{2}{\gamma_{gas}+1} \varrho_1 c_s^2 \; . \tag{4.26}$$

In [72] wurde gezeigt, daß gemessene Reichweiten der laserinduzierten Stoßwelle für hohe Energiedichten ($H > 20 \; J/cm^2$) sehr gut mit berechneten Werten übereinstimmt, wenn das obige Weg–Zeit–Gesetz zur Berechnung benutzt wird und überdies die Annahme getroffen wird, daß nahezu die komplette verfügbare Laserpulsenergie als "Explosionsenergie" E_0 in die Stoßwelle eingeht.

Ob diese Theorie auch ausreichend ist, die gasdynamischen Größen hinter der Stoßwellenfront und an der Materialoberfläche zu beschreiben, kann ein Vergleich von numerischen mit den analytischen Berechnungen der Druckverteilung hinter der Stoßfront entlang der optischen Achse zeigen. Als "Explosionsenergie" für das Sedovsche Weg–Zeit–Gesetz wird hier die durch das numerische Modell ermittelte Gesamtenergie des ablatierten Materials angenommen. Der Vergleich zwischen numerischer und analytischer Berechnung ist in Abb. 4.13 aufgetragen.

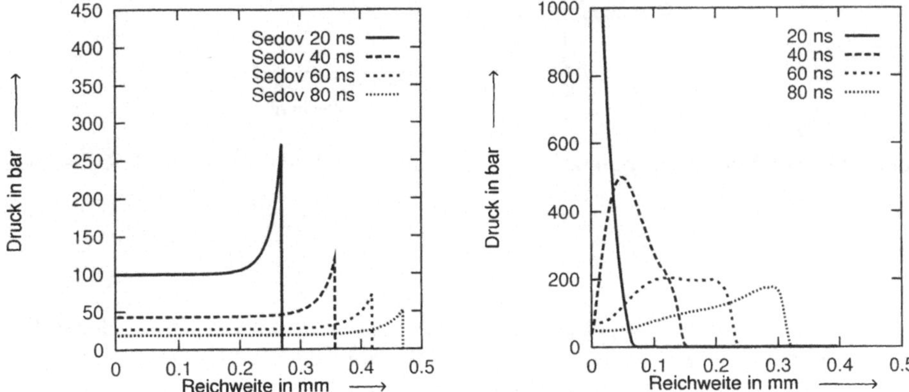

Abb. 4.13.: Numerisch berechnete Druckverteilung entlang der optischen Achse für eine maximale Oberflächentemperatur von 10000 K an einer Aluminiumprobe (rechts). Auf der linken Seite Ergebnisse nach der Stoßwellentheorie; hierbei wurde ein Adiabatenexponent von $1,4$ und eine Explosionsenergie von $1,7 \; mJ$ angenommen, die aus Abb. 4.8 entnommen wurde. Es ist zu beachten, daß die Maßstäbe der beiden Druckachsen unterschiedlich sind. Die Lage der Stoßfront wird durch den Druckabfall auf Umgebungsdruck identifiziert.

Um die Stoßausbreitung mit der Sedovtheorie zu berechnen, sind einige Voraussetzungen zu erfüllen [72], die im Falle des Laserabtragens nicht immer gegeben sind[4]. So zeigen die numerischen Berechnungen, daß aufgrund des Verdampfens während des Laserpulses der Druck an der Oberfläche am höchsten ist, während sich mit der Sedovtheorie selbstähnliche Druckverteilungen berechnen, die das Druckmaximum immer an der Stoßfront haben.

---

[4]Die Annahme, daß die Explosionsenergie durch die abgetragene Masse aufgebracht wird, verletzt eine der Voraussetzungen für die Gültigkeit der Sedovtheorie.

Nach dem Laserpuls gleicht sich der mit dem numerischen Modell berechnete dem durch
die Sedovtheorie vorgegebenen Druckverlauf an und die Drücke an der Oberfläche und
der Stoßfront sind vergleichbar. Der mit dem Sedovmodell berechnete Druck an der Stoßfront fällt jedoch schneller ab, während der Druckabfall im numerischen Modell aufgrund
des noch nachströmenden Werkstoffmaterials für 40 ns, 60 ns und 80 ns nahezu konstant
bleibt.

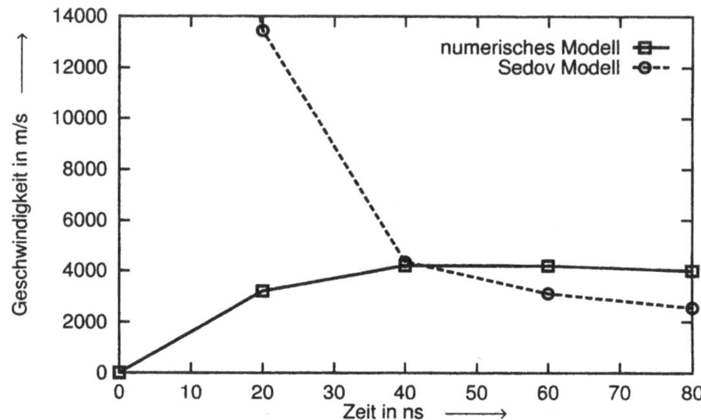

Abb. 4.14.: Stoßfrontgeschwindigkeit ermittelt durch Differenzenbildung mit Daten aus
            Abb. 4.13.

Aufgrund des singulären Verhaltens der Sedovtheorie bei $t = 0$ wächst für kleine Zeiten
$t \to 0$ die Geschwindigkeit unendlich an, so daß für 20 ns die Stoßfrontgeschwindigkeit im
Vergleich zu den numerischen Berechnungen deutlich höher ist. Bei der numerischen Vorgehensweise steigt, wie Abb. 4.14 demonstriert, die Geschwindigkeit während des Pulses
an und fällt erst wieder leicht nach Pulsende. Ab 40 ns findet sich auch quantitativ eine gute Übereinstimmung mit der Sedovtheorie, so daß die analytische Stoßwellentheorie
hinsichtlich Stoßgeschwindigkeit und Drucksprung bzw. –verlauf nach dem Laserpuls bzw.
während der abfallenden Flanke des Pulses zur Beschreibung herangezogen werden darf.
Zu Beginn und während des Laserpulses muß jedoch der numerische Ansatz verwendet
werden.

In [73] wurde ebenfalls die Stoßausbreitung mit einem numerischen Modell, welches die
laserinduzierte Verdampfung bestimmt, berechnet und mit dem Sedov–Modell verglichen.
Während des Pulses ergeben die Berechnungen mit dem numerischen Modell ebenso wie
die hier dargestellten Berechnungen ein zeitlich lineares Ausbreitungsverhalten der Stoßfront, während das Sedov–Modell eine $t^{2/5}$–Abhängigkeit berechnet. Auch dort zeigt sich,
daß während des Pulses die mit dem Sedov–Modell berechneten Ausbreitungsgeschwindigkeiten höher und nach Pulsende kleiner sind als die mit dem numerischen Modell
berechneten Ausbreitungsgeschwindigkeiten.

4.5. Synopsis

In diesem Kapitel wurden die physikalischen Gesetzmäßigkeiten zur Beschreibung der Ausbreitung des verdampften Materials, jedoch ohne Wechselwirkung mit dem Strahlungsfeld des Lasers, dargestellt und der Einfluß verschiedener Parameter darauf untersucht. Das Wichtigste ist hier noch einmal zusammengefaßt.

- Die Expansion wird mit einem System aus fünf gekoppelten Gleichungen beschrieben, die die Erhaltung von Energie, Impuls in axialer und radialer Richtung, Masse und Konzentration darstellen. Für ein vollständiges Gleichungssystem werden zusätzlich die thermische und die kalorische Zustandsgleichung benötigt.

- Adiabatenexponent und spezifische Gaskonstante sind aufgrund von Dissoziation und Ionisation temperaturabhängig.

- Dissoziation und Ionisation werden unter Annahme eines lokalen thermodynamischen Gleichgewichts berechnet. Für die im Rahmen dieser Arbeit untersuchten Umgebungsdrücke bzw. im Dampf auftretenden Drücke ist die Voraussetzung einer Gleichgewichtsbetrachtung erfüllt (siehe dazu auch Anhang A.2).

- Das abdampfende Material breitet sich bei den hier betrachteten Verhältnissen nach 20 ns weitgehend kugelsymmetrisch aus. Es bildet sich eine Stoß– und Kontaktfront aus. Die Kontaktfront trennt komprimiertes Umgebungsgas und Materialdampf und befindet sich während der Pulsdauer dicht hinter der Stoßfront.

- Das Maximum der Temperatur in der Wolke befindet sich bis zum Pulsmaximum an der Targetoberfläche. Nach Pulsende ist die Dampf/ Plasmawolke stark abgekühlt. Das Temperaturmaximum befindet sich dann an der Stoßfront.

- Materialien mit höherer Verdampfungsenthalpie und Schallgeschwindigkeit breiten sich schneller aus als Materialien mit niedrigeren Werten.

- Ein schwereres Umgebungsgas behindert das Abströmen des Materialdampfs. Die Ausbreitungsgeschwindigkeiten sind dabei geringer, aber die Temperatursprünge an der Stoßfront höher. In der Regel sind schwerere Gase leichter zu ionisieren, so daß dort höhere Ionisationsgrade auftreten. Ähnliche Auswirkungen ergeben sich durch Erhöhung des Umgebungsdruckes.

- Höhere Oberflächentemperaturen haben höhere Ausbreitungsgeschwindigkeiten und höhere Dampftemperaturen zur Folge.

- Das analytische Stoßwellenmodell nach Sedov ist nicht in der Lage, die Gegebenheiten hinter der Stoßfront während des Pulses zu beschreiben. Am Ende des Laserpulses bzw. während der abfallenden Flanke des Pulses stimmen die mit dem Sedov–Modell berechneten Stoßfrontgeschwindigkeiten gut mit denen durch das numerische Modell ermittelten überein.

- Insgesamt sind die berechneten Elektronendichten und Ausbreitungsgeschwindigkeiten im Vergleich zu den gemessenen Werten zu klein. Daraus ergibt sich die Notwendigkeit der Einbeziehung von Wechselwirkungsmechanismen zwischen Materialdampf und Laserstrahlung.

5. Wechselwirkungsmechanismen im Materialdampf

Im vorausgegangenen Kapitel wurde die Expansion des verdampften Materials beschrieben und die Einflüsse von Umgebungsgas und Druck auf das Ausbreitungsverhalten diskutiert. Dabei wurde die Wechselwirkung des Dampf/ Plasmagemisches mit der einfallenden Laserstrahlung ausgeklammert. Im folgenden wird als Absorptionsmechanismus zunächst die inverse Bremsstrahlung und als zusätzlicher Mechanismus, da die inverse Bremsstrahlung die gemessene Extinktion alleine nicht erklären kann [25], die Mie–Streuung diskutiert. Dazu müssen die jeweiligen Absorptionskoeffizienten abgeleitet werden, die einerseits über das Lambert–Beersche Gesetz zu einer Abschwächung der auf die Materialoberfläche einfallenden Laserintensität führen, andererseits den Energiebetrag bestimmen, der im Dampf/ Plasmagemisch deponiert wird.

5.1. Inverse Bremsstrahlung

Zur Berechnung der durch inverse Bremsstrahlung absorbierten Laserenergie wird ein Modell von Mulser verwendet [74], das von der Telegraphengleichung [75] ausgehend und mit Hilfe eines Ansatzes, welcher die Bewegung eines Elektrons im Wechselfeld des Lasers beschreibt, zunächst den komplexen Brechungsindex des Plasmas und daraus den Absorptionskoeffizienten berechnet. Die Lösung der Bewegungsgleichung der Elektronen im elektrischen Feld des Laserpulses $\mathbf{E} = \mathbf{E_0}(\mathbf{x}, t)\, \exp[-\mathrm{i}\omega t]$

$$\dot{\mathbf{v}}_\mathbf{e} + \nu_c \mathbf{v}_\mathbf{e} = \frac{e}{m_e}\mathbf{E} \tag{5.1}$$

liefert zum einen die Stromdichte im Plasma $\mathbf{j} = n_e\, e\, \mathbf{v_e}$ und zum anderen mit $\mathbf{j} = \sigma_{el}\mathbf{E}$ die Hochfrequenzleitfähigkeit

$$\sigma_{el} = \mathrm{i}\, n_e\, \frac{e^2}{m_e}\, \frac{1}{(\omega + \mathrm{i}\nu_c)} \tag{5.2}$$

mit der Stoßfrequenz $\nu_c = \nu_{ei} + \nu_{ea}$. Die Hochfrequenzleitfähigkeit bestimmt den komplexen Brechungsindex des Plasmas[1]

$$n^{*2} = n_{ion}^{*}{}^2 + \mathrm{i}\frac{\sigma_{el}}{\varepsilon_0\, \omega} \quad . \tag{5.3}$$

---

[1] Für die weitere Herleitung wird hier der Ionenanteil am Brechungsindex $n_{ion}^{*}{}^2 = 1$ gesetzt, da für den Absorptionskoeffizienten nur der Imaginärteil maßgeblich ist.

Für den Fall, daß der Realteil des komplexen Brechungsindexes größer als null ist, kann nach [74] der Absorptionskoeffizient durch $\alpha_{ib} = 4\,\pi/\lambda \cdot \mathrm{Im}(n^*)$ berechnet werden. Explizit ist dieser durch

$$\alpha_{ib} = \frac{4\pi}{\lambda}\left[\frac{1}{2}\left(\sqrt{\left(1-\left(\frac{\omega_p}{\omega}\right)^2\frac{1}{1+(\nu_c/\omega)^2}\right)^2 + \left(\frac{\nu_c}{\omega}\left(\frac{\omega_p}{\omega}\right)^2\frac{1}{1+(\nu_c/\omega)^2}\right)^2} - \left(1-\left(\frac{\omega_p}{\omega}\right)^2\frac{1}{1+(\nu_c/\omega)^2}\right)\right)\right]^{1/2} \tag{5.4}$$

gegeben, wobei $\omega_p^2 = e^2\,n_e/m_e\varepsilon_0$ die Plasmafrequenz ist. Nach Tannenbaum [76] lauten die hier zu verwendenden Stoßfrequenzen

$$\nu_{ea} = \frac{8\,(2\pi)^{3/2}\sigma_s^2}{3\sqrt{m_e}}\,n_a\sqrt{k_b\,T} \qquad \text{bzw.}$$

$$\nu_{ei} = \frac{e^4\ln(12\pi\,n_e\,R_{ion}^3)}{3\,\varepsilon_0^2\sqrt{m_e}}\,(n_i^+ + n_i^{++} + \ldots)\sqrt{(2\pi k_b\,T)^{-3}} \tag{5.5}$$

mit dem Stoßparameter σ_s, der der Summe der Radien der beiden sich stoßenden Teilchen entspricht.

Die freien Elektronen werden durch das elektrische Feld beschleunigt. Durch Stöße mit den Ionen und den Atomen kann ihre Energie – und damit die des elektrischen Feldes – an den Dampf übertragen werden. Nach Abb. 5.1 liegen die Stoßfrequenzen bei 1 *bar* und für

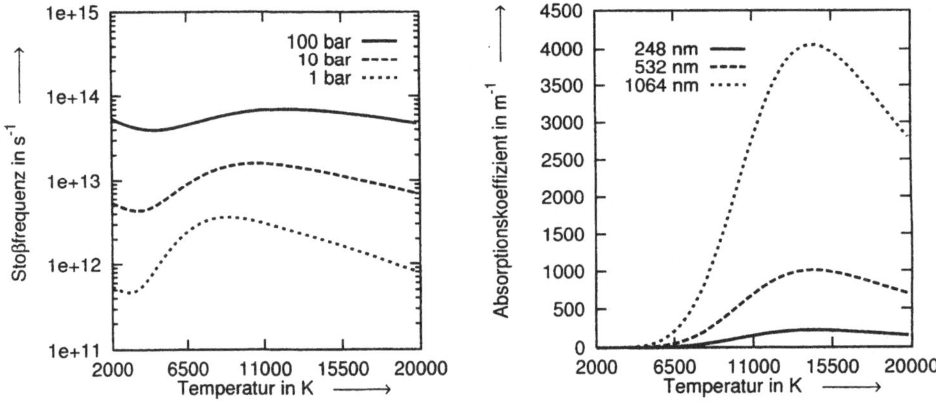

Abb. 5.1.: Stoßfrequenz ν_c in Abhängigkeit der Temperatur und des Druckes (links); Absorptionskoeffizient abhängig von der Temperatur bei 100 *bar* mit der Wellenlänge als Parameter (rechts).

Temperaturen größer als 6000 K oberhalb von $1\cdot10^{12}\ s^{-1}$; die benötigten Teilchendichten werden aus der im Anhang A.2 dargestellten Vorgehensweise gewonnen. Die Ionen und Atome sind zirka 50000 mal schwerer als die Elektronen, so daß höchstens 50000 Stöße von Elektronen mit den Atomen benötigt werden, um das Plasma zu thermalisieren. Bei den hier betrachteten Verhältnissen liegt zudem in der Plasmawolke ein Druck oberhalb von 100 *bar* vor, so daß dadurch die Stoßfrequenzen auf $5\cdot10^{13}\ s^{-1}$ erhöht werden. Bei der

Annahme von 50000 Stößen ist das Plasma also nach zirka einer Nanosekunde thermalisiert. Innerhalb des relevanten Zeitbereichs von hier betrachteten Kurzpulslasern (zirka 40 ns) kann deshalb von einem Plasma im lokalen thermodynamischen Gleichgewicht ausgegangen werden, und eine Zweitemperaturbeschreibung, wie sie in [61] verwendet wird, ist nicht nötig.

Betrachtet man die in Abschnitt 4.4.1 dargestellte Ausdehnung der Materialdampfwolke und die Druck- und Temperaturverteilung darin, so kann aus den in Abb. 5.1 aufgetragenen Absorptionskoeffizienten gefolgert werden, daß bei der Laserwellenlänge von 248 nm keine Absorption durch inverse Bremsstrahlung möglich ist. Druck und Temperatur reichen nicht aus, genügend freie Elektronen zu erzeugen, um innerhalb der Dampfausdehnung während des Laserpulses Energie zu absorbieren. Selbst bei einer Wellenlänge von 1064 nm sind die Dampftemperaturen zu niedrig, um eine signifikante Abschirmung allein aufgrund der inversen Bremsstrahlung zu verursachen.

Deshalb ist die Betrachtung weiterer Wechselwirkungsmechanismen notwendig. Dabei bieten sich als denkbare Mechanismen die Photoionisation aus thermisch angeregten Atomen [17] und die Mie–Streuung [33] an. Der Mechanismus der Mie–Streuung wird im folgenden ausführlich diskutiert. Der qualitative Einfluß der Photoionisation ist in [77] dargestellt.

5.2. Mie – Streuung

Die Miesche Streutheorie beschreibt im allgemeinen die Beugung einer ebenen elektromagnetischen Welle an sphärischen Partikeln. Dabei kann Strahlung elastisch gestreut werden, d.h. die Partikel schwingen im elektromagnetischen Feld als Dipole und geben ihrerseits Strahlung wieder ab. Des weiteren kann die Strahlung auch direkt von den Partikeln absorbiert werden, wodurch sie sich erwärmen. Da die betrachteten Partikel wesentlich kleiner sind als die Wellenlänge des einfallenden Laserstrahls, kann der Rayleigh-Grenzfall verwendet werden. Im folgenden werden die Absorptions- und Streukoeffizienten in Abhängigkeit von der im Dampf auftretenden Partikeldichte und –größe diskutiert. Im weiteren Verlauf dieser Diskussion werden die Partikel als Cluster bezeichnet, die eine spezielle Gruppe von Partikeln, bestehend aus mehreren tausend Atomen charakterisieren.

5.2.1. Kondensationstheorie

Die Modellierung der Extinktion der einfallenden Laserstrahlung durch im Materialdampf existente Cluster erfordert die Berechnung der Größe und Dichte dieser Cluster. Das Wachstum von Metallclustern in der Dampfwolke wurde bereits in [25] mit einem analytischen und in [78] mit einem numerischen Strömungsansatz, die die notwendigen thermodynamischen Größen in der Dampf/ Plasmawolke für die Wachstumstheorie liefern, berechnet. Beide Arbeiten vernachlässigen jedoch den Entstehungsprozeß der Cluster, d.h. die Kondensation aus dem übersättigten Dampf[2], so daß Clusterradius und Clusterdichte zu Beginn des Wachstums angenommen werden mußten. Hier sollen direkt aus einer sich einstellenden Übersättigung diese Größen hergeleitet werden.

---

[2]Die Existenz von Tropfen im Dampf aufgrund des Herausschleuderns aus einem laserinduzierten Schmelzbad wird hier nicht betrachtet.

Keimbildung und Nukleonisation

Die Berechnung des Kondensationsgrades und des Clusterradius geht im wesentlichen von bestehenden Theorien aus, die von Lifschitz [79], Frenkel [80] und Raizer [81] hergeleitet wurden. Während Lifschitz hauptsächlich das Stadium der Koaleszenz untersuchte, in dem das Clusterwachstum aufgrund von Stößen zwischen den Clustern stattfindet, haben Frenkel und Raizer den Keimbildungsprozeß zu Beginn der Kondensation beschrieben. Danach entstehen aufgrund einer Übersättigung durch Stöße zwischen mehreren Atomen Kondensationskeime, die Ausgangspunkte für die fortschreitende Bildung von Clustern sind.

Die minimale Energie Φ_{min}, die zur Bildung eines kugelförmigen Clusters des Durchmessers $2a$ aufgewendet werden muß, wird über die Differenz der thermodynamischen Potentiale vor und nach der Clusterbildung bestimmt. Aus einer in Anhang A.5 dargelegten Herleitung ergibt sich

$$\Phi_{min} = 4\pi\sigma\left(-\frac{2}{3}\frac{a^3}{a_k} + a^2\right) \quad . \tag{5.6}$$

Der erste Term beschreibt die gewonnene Volumenarbeit, und der zweite Term stellt den Energieanteil dar, der zur Überwindung des Druckes aufgrund der Oberflächenspannung σ notwendig ist. Die Größe a_k, bei der die Funktion Φ_{min} ein Maximum hat, wird als kritischer Radius bezeichnet und ist in Anhang A.5 durch

$$a_k = \frac{2\sigma}{\varrho_{liq}\,R_{werk}T\,\Delta} \tag{5.7}$$

gegeben, wobei die Dichte im Cluster durch die Dichte der flüssigen Phase ϱ_{liq} approximiert wird. Die Übersättigung Δ im Dampf ist mit

$$\Delta = \frac{p - p_\infty}{p_\infty} \tag{5.8}$$

berechenbar. Der Gleichgewichtsdampfdruck p_∞ ist mittels der Clausius–Clapeyronschen Dampfdruckkurve (2.8) berechenbar, wobei jedoch T_L durch $p/(R_{spez}\varrho)$ ersetzt werden muß.

Abb. 5.2 zeigt, daß die minimale Energie ein Maximum beim kritischen Radius a_k hat. Für Radien, die kleiner sind als der kritische Radius, nimmt Φ_{min} mit kleiner werdendem Radius ab, d.h. für den Cluster ist es energetisch günstiger, wenn er Atome verliert. Ein in diesem überkritischen Bereich kondensierter Cluster löst sich wieder auf. Hingegen wachsen Cluster, die sich im unterkritischen Bereich $a > a_k$ bilden, ungehindert weiter. Oberhalb von $1,5 \cdot a_k$ wird Φ_{min} negativ, d.h. in diesem Bereich wäre das thermodynamische Potential nach einer Kondensation kleiner als das thermodynamische Potential in der metastabilen Phase vor der Kondensation und somit die Entropie größer. Da bei der Kondensation die Entropie abnehmen muß, können oberhalb von $1,5 \cdot a_k$ während der Bildungsphase keine Cluster ausfallen.

Der Anteil der sich unter stationären Bedingungen pro Sekunde bildenden Cluster an der gesamten Anzahl der Atome ist nach Raizer [81]

$$s_{cl} = \text{const} \cdot \exp\left(-\frac{\Phi_{min}(a_k)}{k_bT}\right) = \frac{2n_t m_a \bar{c}}{\varrho_{liq}}\sqrt{\frac{\sigma}{k_bT}}\exp\left(-\frac{4\pi\sigma a_k^2}{3k_bT}\right) \quad , \tag{5.9}$$

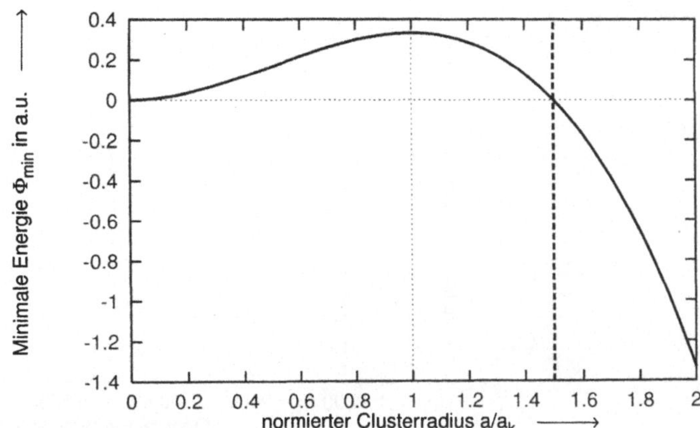

Abb. 5.2.: Normierte Darstellung der minimalen Energie, die notwendig ist, um einen Cluster mit dem Radius a/a_k zu bilden.

wobei $n_t = \varrho\, C\,/m_a$ die gesamte Teilchendichte im Materialdampf, m_a die Atommasse und $\bar{c} = \sqrt{8\,k_b T/(\pi m_a)}$ die mittlere thermische Geschwindigkeit der Teilchen ist. Die zeitliche Änderung der Anzahl der Atome im Cluster, auch als Clusterwachstumsrate bezeichnet genannt, ist mit Hilfe von

$$\frac{dg}{dt} = 4\pi \left(\frac{3}{4\pi}\frac{m_a}{\varrho_{liq}}\,g\right)^{(2/3)} \cdot n_t \bar{c}\left[1 - \exp\left(-\frac{2\sigma}{R_{werk}\,\varrho_{liq}\,T\,a_k}\right)\right] \tag{5.10}$$

berechenbar. Der erste Term in der eckigen Klammer mit Vorfaktor beschreibt das Wachstum des Clusters aufgrund von Atom–Cluster Stößen, der zweite Term mit seiner exponentiellen Abhängigkeit spiegelt die Auflösung wider, so daß sich die gesamte Rate aus Kondensation und Verdampfung bestimmt. Der Clusterradius ist über

$$a = \left(\frac{3}{4\pi}\frac{m_a\,g}{\varrho_{liq}}\right)^{1/3} \tag{5.11}$$

mit der Anzahl der Atome im Cluster verknüpft. Der Kondensationsgrad ist das Produkt aus der Anzahl der Cluster und der Anzahl der Atome in einem Cluster bezogen auf die Gesamtzahl der Atome und kann durch

$$x_{cl} = \int_{t'}^{t} s_{cl}(t')\,g(t,t')\,dt' \tag{5.12}$$

ausgedrückt werden, wobei t' der Startzeitpunkt des Kondensationsprozesses ist. Auch hier sei auf Anhang A.5 verwiesen, um die oben dargestellten Gleichungen nachzuvollziehen.

Mit der in Abschnitt 4.2.3 beschriebenen Vorgehensweise lassen sich, ausgehend von der Oberflächentemperatur und unter der Annahme, daß der Metalldampf mit Schallgeschwindigkeit abströmt, die thermodynamischen Größen oberhalb der Knudsenschicht berechnen. Die Abbildungen 5.3, 5.4 und 5.5 stellen die Übersättigung, den kritischen Clusterradius und die Clusterbildungsrate bzw. die Anzahl der Cluster pro Volumen- und Zeiteinheit für verschiedene Oberflächenspannungen dar, die ausgehend von der durch die

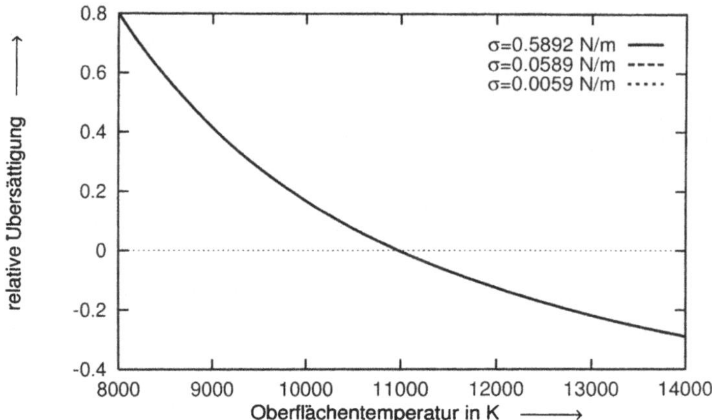

Abb. 5.3.: Übersättigung an der oberen Grenze der Knudsenschicht in Abhängigkeit von der Oberflächentemperatur; die Oberflächenspannung hat keinen Einfluß.

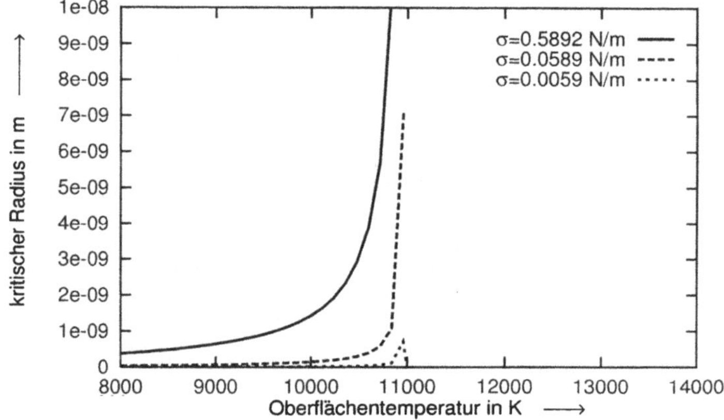

Abb. 5.4.: Kritischer Clusterradius als Funktion der Oberflächentemperatur für drei verschiedene Oberflächenspannungen und die in Abb. 5.3 dargestellte Übersättigung.

Oberflächentemperatur gegebenen Größen oberhalb der Knudsenschicht berechnet wurden. Die Übersättigung ist von der Oberflächenspannung unabhängig. Ab zirka 11000 K Oberflächentemperatur[3] wird die Übersättigung kleiner null, so daß ab diesem Punkt keine Cluster ausfallen können. Unterhalb dieser Temperatur enstehen Cluster, deren kritische Radien mit zunehmender Temperatur (dies entspricht einer abnehmenden Übersättigung) und zunehmender Oberflächenspannung zunehmen. Für eine Oberflächenspannung von $0,5892\ N/m$ liegt der kritische Radius zwischen 1 nm und 10 nm. Die Clusterdichte nimmt bei Temperaturen unterhalb von 6000 K mit der Oberflächenspannung zu. Mit Erreichen von Temperaturen, die im Bereich der Untersättigung liegen, fällt die Cluster-

---

[3]Die Diskussion über das Verhalten am kritischen Punkt wurde in dieser Arbeit bewußt ausgeklammert.

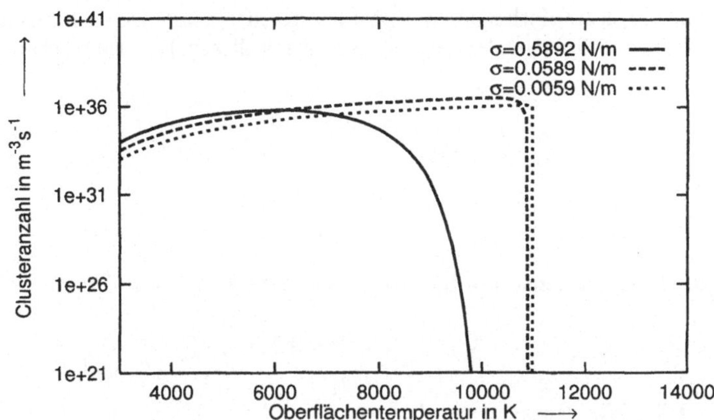

Abb. 5.5.: Anzahl der überlebensfähigen Keime als Funktion der Oberflächentemperatur
für drei verschiedene Oberflächenspannungen und die in Abb. 5.3 dargestellte
Übersättigung.

dichte stark ab. Je kleiner die Oberflächenspannung ist, desto steiler ist der Anstieg der
Clusterdichte, falls eine Übersättigung eintritt.

Bei einer Oberflächentemperatur von etwa 9000 K und einer Oberflächenspannung von
$0,5892\ N/m$ bilden sich $1 \cdot 10^{35}$ Cluster pro Sekunde und Kubikmeter. Das bedeutet, daß
zirka $10^{26}\ 1/m^3$ Cluster pro Nanosekunde mit einem Radius von $0,5\ nm$ ausfallen. Bei
einer gesamten Teilchendichte von $10^{27}\ 1/m^3$ würde dies nach einer Kondensationszeit
von 1 ns zur Folge haben, daß mehr Teilchen kondensieren als ursprünglich vorhanden
waren, was physikalisch unsinnig ist. Bei einer so hohen Clusterdichte muß folglich der
Kondensationsprozeß bei den hier betrachteten Zeitskalen durch Cluster–Cluster Stöße
dominiert werden. Die weitere Kondensation muß folglich mit der Theorie der Koaleszenz
beschrieben werden.

Koaleszenzstadium

Im Koaleszenzstadium kommt es zum Wachstum der Cluster aufgrund des Umstands, daß
größere Cluster kleinere in sich aufnehmen. Nach Lifschitz [79] findet das Clusterwachstum durch Cluster–Atom Stöße solange statt, bis die Anzahl der kondensierten Atome
vergleichbar ist mit der Anzahl der übersättigten Atome. Dies kann durch

$$g = \frac{p - p_\infty}{n_{cl}\, k_b\, T} \tag{5.13}$$

ausgedrückt werden. Mit $g = dg/dt \cdot t_1$ und $n_{cl} = s_{cl} \cdot n_t$ berechnet sich daraus der
Zeitpunkt des Übergangs vom Nukleonisations– zum Koaleszenzstadium:

$$t_1^2 = \frac{p - p_\infty}{n_t\, k_b\, T\, s_{cl}\, dg/dt} \ . \tag{5.14}$$

Die komplette Herleitung der problembeschreibenden Gleichungen kann z.B. mit Hilfe der Referenz [82] nachvollzogen werden. Nach dieser Theorie wächst der Radius mit

$$a(t) = \left(\frac{8\,\sigma\,p_\infty\,D_{aa}}{9\,(\varrho_{liq}\,R_{werk}\,T)^2}\,t \right)^{1/3} \quad , \tag{5.15}$$

wobei

$$D_{aa} = \frac{1}{3}\frac{\bar{c}}{\sqrt{2}\,\pi\sigma_c n_t} \quad , \tag{5.16}$$

die Diffusionskonstante für Atom–Atom–Stöße ist. Die Dichte der Cluster beträgt

$$n_{cl}(t) = 0.215\frac{p - p_\infty}{a(t)^3\,\varrho_{liq}R_{werk}T} \tag{5.17}$$

und der Kondensationsgrad lautet

$$x_{cl} = \frac{n_{cl}(t)}{n_t}\frac{4\pi}{3}\,a(t)^3\,\frac{\varrho T}{m_a} = \frac{4\pi}{3}\,0.215\,\frac{p - p_\infty}{n_t k_b T} \quad . \tag{5.18}$$

Die Gleichungen (5.15)–(5.18) beschreiben vollständig das asymptotische Verhalten des Kondensationsprozesses im Koaleszenzstadium unter der Annahme eines unendlichen Partikelvorrats. Insbesondere sind diese Gleichungen gültig, wenn der kritische Radius zu Beginn des Kondensationsprozesses wesentlich kleiner ist als der mittlere Clusterradius während des Koaleszenzstadiums. Der aktuelle kritische Radius entspricht dabei dem mittleren Clusterradius. Der Kondensationsgrad hängt nur vom Wert $p - p_\infty$ zu Beginn des Kondensationsprozesses und der Teilchendichte des Materialdampfes n_t ab.

5.2.2. Quasistationäre Approximation der Clusterwachstumsberechnung

Die oben eingeführte Kondensationstheorie ist für stationäre Bedingungen gültig und setzt ein unendlich großes Teilchenreservoir voraus. Beide Bedingungen sind nicht erfüllt, da das Abtragen mit Kurzpulslasern ein stark nichtstationärer Prozeß und aufgrund der wohldefinierten Anzahl von verdampften Atomen der unbeschränkte Teilchenvorrat auch nicht gegeben ist. Es gilt daher Näherungen zu postulieren, die die Verwendung der Theorie dennoch sinnvoll machen.

Bei fester Anzahl von Atomen im Dampf würde die Teilchenzahldichte der Atome nach der Kondensation $n_t - n_{cl} \cdot g$ und die Dichte der Cluster n_{cl} betragen. Nach Gleichung (5.18) könnte dann ein Kondensationsgrad größer als 100% entstehen. Die Bedingung eines unendlich großen Teilchenreservoirs erfordert demnach die Annahme, daß die Teilchenzahldichte der Dampfatome vor der Kondensation gleich der Teilchenzahldichte der Dampfatome im Endstadium des Kondensationsprozesses ist, d.h. $n_t = const$. Damit dennoch die Masse erhalten bleibt, werden die gebildeten Cluster bei der Berechnung der Strömung der Materialdampfexpansion nicht berücksichtigt. Insbesondere bedeutet dies, daß sich die Cluster mit dem Materialdampf nicht mitbewegen, sondern an der Stelle ihrer Bildung weiter wachsen. Im Rahmen dieser Approximation ist der Kondensationsgrad immer als das Verhältnis aus der Anzahl der kondensierten Atome zu der Gesamtzahl der vorhandenen Atome definiert.

Die Voraussetzung der Stationarität wird durch die Approximation einer Quasistationarität erfüllt, d.h. es wird angenommen, daß sich innerhalb eines Zeitschrittes Δt die Zustandsgrößen nicht ändern und die für die Kondensation maßgeblichen Größen[4] diejenigen am Anfang eines jeden Zeitschrittes sind. Tritt am Anfang eines Zeitschrittes t_0 für einen Knoten des Rechennetzes zum ersten Mal Übersättigung auf, d.h. es gilt $\Delta(t_0) > 0$ und $a(t_0) = a_k$ bzw. $\Delta(t) = 0$ und $a(t) = 0$ für $t < t_0$, dann wird das Wachsen der Cluster für $t > t_0$ mit Gleichung (5.10) und die Clusterdichte mit (5.9) ausgehend vom kritischen Radius als Startradius[5] berechnet solange $t - t_0 < t_1$ ist, wobei t_1 der Zeitpunkt ist, ab dem das Clusterwachstum durch das Koaleszenz– und nicht mehr durch das Nukleonisationsstadium beschrieben werden kann (siehe Gleichung 5.14). Aufgrund der hohen Stoßfrequenzen kann der Wechsel vom Nukleonisations– zum Koaleszenzstadium schon während eines Zeitschrittes eintreten, der in der Regel einige $100\,ps$ lang ist. Danach wird das Wachstum mit den Gleichungen (5.17) und (5.15) bestimmt. Aufgrund dieser quasistationären Approximation wächst der Radius im Koaleszenzstadium innerhalb der Zeit Δt mit

$$a(t + \Delta t) = a(t) + \left.\frac{da}{dt}\right|_{t} \cdot \Delta t \quad . \tag{5.19}$$

Für den Fall, daß während eines gesamten Zeitschrittes mit Hilfe der Koaleszenz das Clusterwachstum berechnet wird, entspricht Δt gerade der Dauer des Zeitschrittes. Wird während eines Zeitschrittes vom Nukleonisations– zum Koaleszenzstadium gewechselt, dann wird natürlich Δt um die Zeit t_1 verkleinert.

Da die Heizung des Dampfes aufgrund der Absorptionsmechanismen, der Kompression an der Stoßfront oder der Freisetzung von Kondensationswärme die Übersättigung herabsetzt, ändert sich auch der kritische Radius, so daß der Fall eintreten kann, daß an einem bestimmten Knoten und Zeitpunkt der aktuelle Clusterradius kleiner wird als der dazu aktuell ermittelte kritische Radius. Konsequenterweise löst sich dann der Cluster nach Gleichung (5.10) auf. An diesem Knoten ist dann für den darauf folgenden Zeitschritt $a = 0$, so daß wiederum, falls die Übersättigung noch größer als null ist, mit (5.10) und (5.9) die Kondensation berechnet wird. Im Falle von $\Delta < 0$ bleibt der Clusterradius null, bis eventuell zu einem späteren Zeitpunkt die Übersättigung wieder positiv ist.

5.2.3. Clusterbildung durch laserinduzierte Expansion

Die Auswirkungen von Oberflächentemperatur, Gasart, Druck und verschiedenen Oberflächenspannungen auf das Clusterwachstum wurden bereits in [83,84] unter physikalischen Gesichtspunkten diskutiert, deren Kernaussagen hier nochmals kurz dargestellt werden.

Abb. 5.6 zeigt die Clusterradienverteilung und den Kondensationsgrad im Dampf/ Plasmagemisch. Der Vergleich mit Abb. 4.9, die über den Adiabatenexponenten die Kontaktfront lokalisiert, veranschaulicht, daß die Ausdehnung der Cluster sich über den gesamten Materialdampf erstreckt. Die rechte Seite zeigt den Kondensationsgrad. Am Ende des Laserpulses ist die Temperatur im Dampf soweit abgesunken[6], daß der Kondensationsgrad

---

[4]kritischer Radius, Dampfdruck, Temperatur,...

[5]Bei hohen Übersättigungen kann der Fall eintreten, daß der kritische Radius kleiner ist als ein Atomradius. In diesem Fall wird der doppelte Atomradius als Startradius verwendet

[6]Absorptionsmechanismen, die die Temperatur steigen lassen könnten, sind hier nicht berücksichtigt

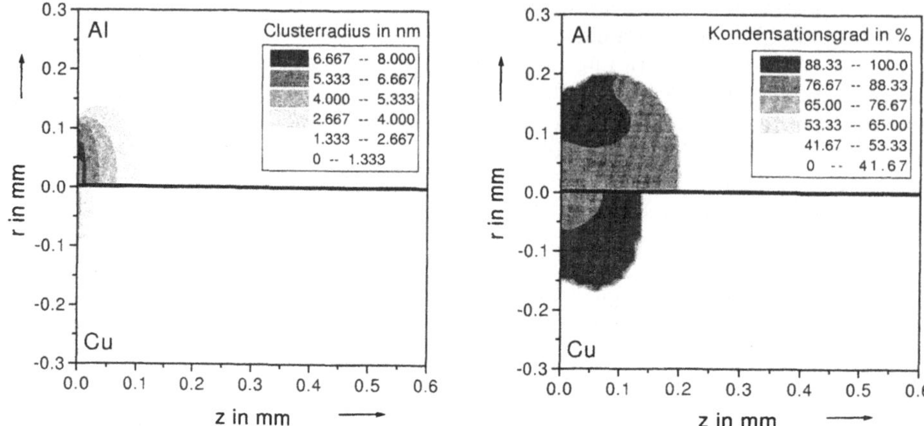

Abb. 5.6.: Mittlerer Clusterradius und Kondensationsgrad in der Dampfwolke 60 ns nach
Laserpulsbeginn beim Abtragen von Aluminium und Kupfer in einer Stickstoffatmosphäre bei einem Druck von 1 bar.

dem Grenzwert, der durch Gleichung (5.18) vorgegeben ist, entgegenstrebt. Aufgrund der
höheren Temperatur an der Kontaktfront und im dahinter liegenden Materialdampf bei
Aluminium im Vergleich zu Kupfer ist der Kondensationsgrad im Aluminiumdampf niedriger als im Kupferdampf. Nur in den lateralen Randbereichen der Aluminiumdampfwolke
werden die gleichen Kondensationsgrade wie im vorderen Bereich der Kupferdampfwolke
erreicht. Die Clustergröße im Aluminiumdampf nimmt von der Kontaktfront bis hin zur
Materialoberfläche kontinuierlich zu. Der maximale Radius liegt bei 8 nm. Die höhere
Oberflächenspannung (siehe Anhang A.1) von Kupfer würde bei gleichen gasdynamischen
Bedingungen einen höheren kritischen Radius als bei Aluminium verursachen. Da jedoch
bei gleicher Dampftemperatur der Gleichgewichtsdampfdruck p_∞ für Aluminium wesentlich höher ist als der für Kupfer, wachsen die Cluster bei Aluminium, ausgehend von einem
kleineren kritischen Radius, zu größeren Clustern als bei Kupfer.

Die zeitliche Entwicklung der Dampftemperatur, der Übersättigung, des Clusterradius
und des Kondensationsgrades ist in den Abbildungen 5.7 und 5.8 präsentiert, an denen
die Wirkzusammenhänge der Clusterbildung im laserinduzierten Dampf nachvollzogen
werden können.

Der Kehrwert von Gleichung (5.8), der im folgenden als reziproke relative Übersättigung
definiert wird (siehe rechte Seite von Abb. 5.7), ist nach Gleichung (5.7) direkt proportional zum kritischen Radius und wird durch die Dampftemperatur (siehe linke Seite von
Abb. 5.7) bestimmt. Er steigt mit fortschreitender Zeit an der Stoßfront aufgrund des dort
stattfindenden Temperaturanstiegs an. Dies hat zur Folge, daß an der Kontaktfront der
Kondensationsgrad für 60 ns und 80 ns (siehe rechte Seite von Abb. 5.8) kleiner ist als im
dahinterliegenden Bereich. Während des Laserpulses bei 20 ns und 40 ns ist der Dampf
noch relativ heiß, so daß dort eine kleine Übersättigung (große reziproke Übersättigung)
und ein geringerer Kondensationsgrad vorherrscht. Das Wachstum der Cluster wird durch
Cluster–Cluster Stöße dominiert, d.h. die Kondensation befindet sich im Stadium der Koaleszenz. Da eine Mitbewegung der Cluster mit dem Materialdampf nicht betrachtet ist,

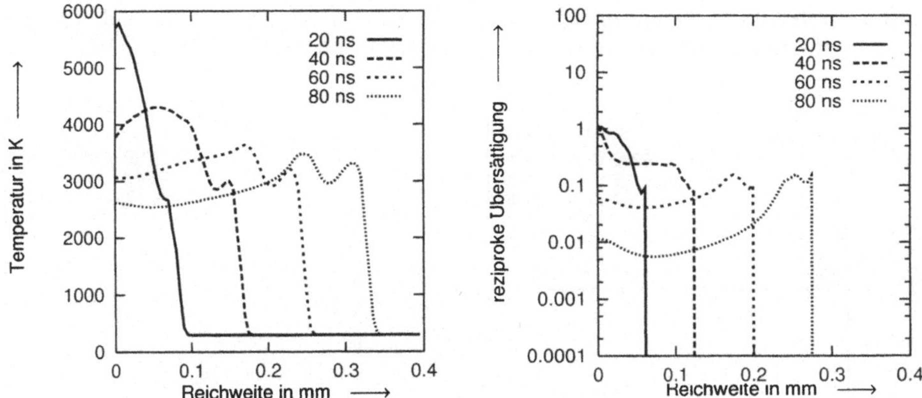

Abb. 5.7.: Temperatur (links) und reziproke relative Übersättigung (rechts) die Zeitpunkte für 20 *ns*, 40 *ns*, 60 *ns* und 80 *ns* entlang der optischen Achse in einem Aluminiumdampf und umgebender Stickstoffatmospäre.

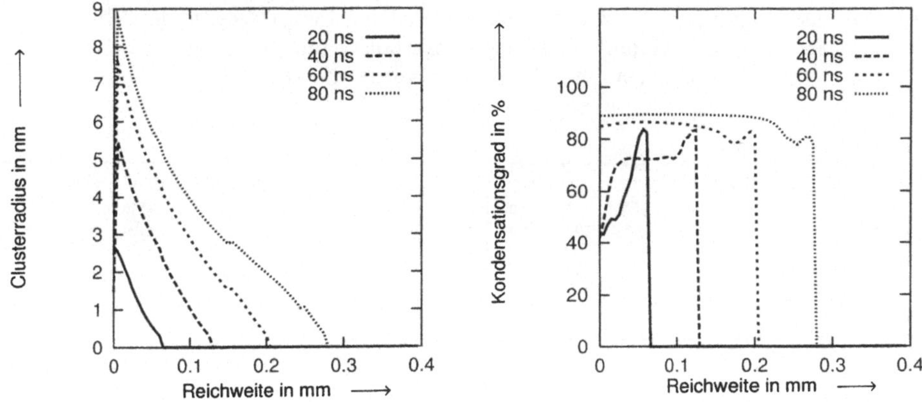

Abb. 5.8.: Clusterradius (links) und Kondensationsgrad (rechts) für 20 *ns*, 40 *ns*, 60 *ns* und 80 *ns* entlang der optischen Achse in einem Aluminiumdampf und umgebender Stickstoffatmospäre.

haben folglich die Cluster, die zu früheren Zeiten bei kürzeren Entfernungen von der Probenoberfläche gebildet werden, größere Abmessungen, da sie mehr Zeit zum Wachsen hatten. Bei einer Berücksichtigung der Mitbewegung der Cluster würden sich die größten Cluster an der Kontaktfront einstellen. Der Bereich direkt hinter der Kontaktfront wäre dann im wesentlichen durch das Stadium der Koaleszenz dominiert, während an der Materialoberfläche sich ständig neue Cluster bilden müßten.

Abb. 5.9 demonstriert die Auswirkung unterschiedlicher Umgebungsatmosphären auf den Clusterradius. Bei einer Argonatmosphäre verursacht die höhere Dampftemperatur (vor allem im Bereich hinter der Kontaktfront; siehe Abb. 4.10) als bei Helium und Stickstoff größere kritische Radien. Davon ausgehend kommt es zu einem schnelleren Wachstum der

Cluster, so daß dort Cluster mit Radien bis zu 10 *nm* errechnet werden. In Helium wird
dagegen eine maximale Radiusabmessung von 6 *nm* nicht überschritten. Eine höhere

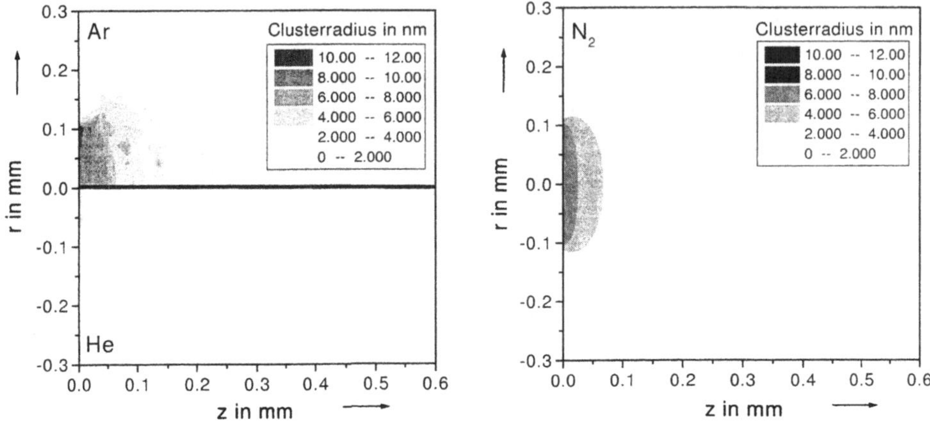

Abb. 5.9.: Darstellung der Auswirkung der Art des Umgebungsgases auf den Clusterradius
im Aluminiumdampf 60 *ns* nach Laserpulsbeginn bei einem Druck von 1 *bar*
und der maximalen Oberflächentemperatur von 10000 *K*.

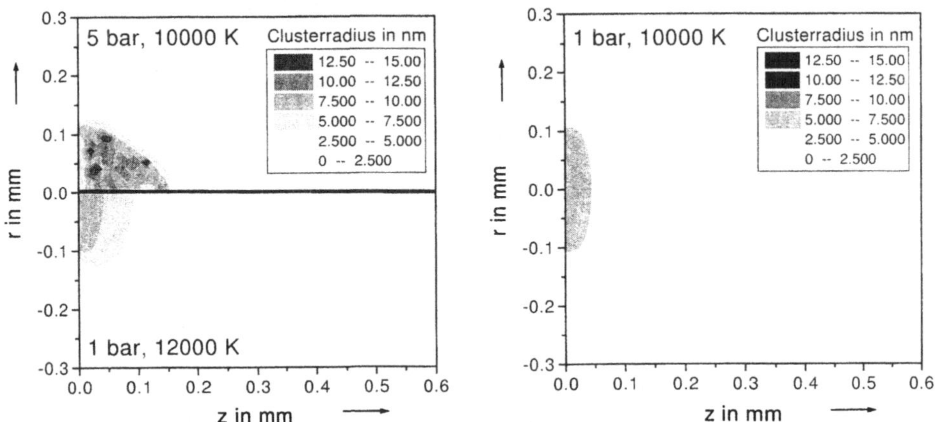

Abb. 5.10.: Auswirkung des Druckes sowie der Oberflächentemperatur auf den Clusterradius im Aluminiumdampf und umgebender Stickstoffatmosphäre 60 *ns* nach
Laserpulsbeginn.

Oberflächentemperatur bzw. ein höherer Umgebungsdruck führt zu höheren Temperaturen in der Wolke, so daß auch unter diesen Bedingungen, wie Abb. 5.10 zeigt, größere
Cluster produziert werden. Dabei nimmt allerdings der Kondensationsgrad ab.

Auffällig sind die lokalen Schwankungen der Clusterradiusverteilung in der Wolke bei
Argon bzw. bei einem Umgebungsdruck von 5 *bar*, die auf die numerische Vorgehens-

weise zurückzuführen sind. Diese treten vor allem dann auf, wenn aufgrund eines starken Anstiegs der Temperatur an der Kontaktfront und einer daraus resultierenden Untersättigung des Dampfes sich die Cluster zunächst auflösen, um später bei einer Abkühlung des Dampfes wieder zu kondensieren.

Generell läßt sich aus den Berechnungen zum Clusterwachstum folgern, daß jede Parametervariation, die eine Temperaturerhöhung in der Wolke verursacht, aufgrund der Erniedrigung der Übersättigung zu einem schnelleren Clusterwachstum und kleineren Kondensationsgraden[7] führt, vorausgesetzt $\Delta > 0$ gilt weiterhin. Eine Heizung der Wolke, z.B. durch Absorption, würde also zunächst das Clusterwachstum beschleunigen und den Grad der Kondensation vermindern, bis der Dampf untersättigt ist.

5.2.4. Streu– und Absorptionskoeffizient

Die Untersuchung der optischen Eigenschaften kleiner Partikel oder Cluster sowie deren Absorptions– und Streuvermögen von elektromagnetischer Strahlung wurde beispielsweise in [85,86,87] publiziert. Mit Hilfe der Mieschen Streutheorie, wie darüber z.B. in [88] berichtet wird, kann die Streucharakteristik und die Abschwächung der Laserstrahlung in Abhängigkeit von der Wellenlänge und der Clustergröße berechnet werden.

Die in dieser Arbeit verwendeten Streu– und Absorptionswirkungsquerschnitte sind aus [89] und [90] entnommen. Eine umfassende Aufbereitung der Herleitung dieser Wirkungsquerschnitte aus den Maxwellschen Gleichungen und die Verwendung dieser Querschnitte zur Erklärung gemessener Extinktionskoeffizienten ist in [91] zusammengefaßt. Darin zeigt sich jedoch, daß die dort durchgeführten analytischen Berechnungen Annahmen voraussetzen müssen, die nur durch eine komplette Modellierung der Metalldampfausbreitung und Clusterkondensation legitimiert werden können. Die hier durchgeführten Berechnungen der Extinktion durch Mie–Streuung kann also der in [91] präsentierten Vorgehensweise folgen, da sich alle notwendigen Größen für die Berechnung der Mie-Streuung aus der in dieser Arbeit erfolgten Modellierung der Expansionsströmung berechnen lassen.

Da die kondensierten Cluster wesentlich kleiner sind als die Wellenlänge der einfallenden Laserstrahlung, läßt sich die Rayleigh–Approximation anwenden. Zudem wird keine Mehrfachstreuung zwischen den Clustern betrachtet. Auf diese Theorie Bezug nehmend, lautet der Wirkungsquerschnitt für die Absorption unter der Annahme eines einfachen Streuprozesses

$$C_{abs} = 4\pi a^2 \xi \, \mathrm{Im} \left[\frac{m^2 - 1}{m^2 + 2} \left[1 + \frac{\xi^2}{15} \left(\frac{m^2 - 1}{m^2 + 2} \right) \frac{m^4 + 27m^2 + 38}{2m^2 + 3} \right] \right] \tag{5.20}$$

und der für die Streuung

$$C_{sca} = \frac{8}{3} \pi a^2 \xi^4 \left| \frac{m^2 - 1}{m^2 + 2} \right| \quad , \tag{5.21}$$

wobei $\xi = 2\pi n^* a / \lambda$ das Verhältnis zwischen Clusterradius und der Wellenlänge des einfallenden Laserlichts enthält. Die Größe $m = n_{cl}^* / n^*$ charakterisiert das Verhältnis zwischen

---

[7]Sind hier graphisch nicht aufgeführt, dazu sei auf [83,84] verwiesen.

dem komplexen Brechungsindex des Clustermaterials n_{cl}^{*} und dem komplexen Brechungsindex des Materialdampf/ Plasmagemisches n^{*}, der nach Gleichung (5.3) berechnet werden kann (siehe Anhang A.4). Der gesamte Extinktionskoeffizient berechnet sich mit

$$\alpha_{mie} = \alpha_{sca} + \alpha_{abs} = n_{cl}(C_{sca} + C_{abs}) \quad , \tag{5.22}$$

und die abgeschwächte Intensität auf der Materialoberfläche ist

$$I = I_0 \exp[-\alpha_{mie} z_{opt}] \quad , \tag{5.23}$$

wobei I_0 die verfügbare Laserpulsintensität und z_{opt} die Weglänge der Laserstrahlung
durch das Dampf/ Plasmagemisch ist.

Der gestreute Anteil der Strahlung trägt im hier dargestellten Modell weder zur Erwärmung
des Dampfes noch zur Erhöhung der Clustertemperatur bei, da eine Reabsorption der
Streustrahlung im Dampf oder in benachbarten Clustern vernachlässigt wird . Der Anteil der absorbierten Strahlung wird durch α_{abs} bestimmt und führt zunächst zu einer
Erhöhung der Clustertemperatur. Durch Stöße von Atomen mit den Clustern erwärmt
sich schließlich auch der Materialdampf. Dieser Umstand wird durch zwei gekoppelte
Gleichungen (5.24) und (5.26)beschrieben. Nach Bäuerle [92] ist die in einer Schicht Δz_{opt}
an das Gas abgegebene Leistung pro Flächeneinheit

$$P_{cl} = \frac{1}{\Delta z_{opt}} \cdot \eta^{'} (T_{cl} - T) \tag{5.24}$$

mit dem Wärmeübergangskoeffizienten $\eta^{'}$, der nach [92] näherungsweise durch

$$\eta^{'} \approx \frac{p\,C}{T} \sqrt{\frac{k_b T}{8\pi m_a}} \tag{5.25}$$

gegeben. Ist die Temperatur der Cluster T_{cl} durch Absorption von Laserstrahlung höher
als die Temperatur im Dampf, so erwärmt sich der Dampf und die Cluster kühlen sich
ab, bis ein Gleichgewicht erreicht ist. Die Clustertemperatur wird nach [92] mit der Lei-
stungsbilanz pro Flächeneinheit

$$P_{cl} = \frac{1}{\Delta z_{opt}} \left(\frac{I_0}{4} \left(1 - e^{-\alpha_{abs}\,\Delta z_{opt}} \right) + \frac{m_a}{4\pi n_{cl}\, a^2} h_v \frac{dn_{cl}}{dt} - \frac{m_a}{4\pi n_{cl}\, a^2} c_{cl} \frac{d(n_{cl}T_{cl})}{dt} \right) \tag{5.26}$$

berechnet. Auf der linken Seite steht die Leistungsdichte, die an den Dampf abgegeben
wird und somit T_{cl} erniedrigt. Auf der rechten Seite stehen drei Terme, wobei der erste die
Erhöhung der Clustertemperatur aufgrund der Mie–Absorption, der zweite die Temperaturerhöhung durch Freisetzung von Kondensationswärme wegen des Clusterwachstums
und der dritte die Wärmekapazität der Cluster, aufgrund derer die Clustertemperatur-
erhöhung vermindert wird, wiedergibt. Die letzten beiden Terme existieren auch ohne eine
äußere Energiequelle, d.h. aufgrund der Kondensation erwärmt sich auch der die Cluster
umgebende Materialdampf.

Im allgemeinen führt also die Kondensation und die Mie–Absorption zu einer Aufheizung
der Cluster und durch einen Wärmeübergang auch zur Erwärmung des Dampfes, so daß
sich die Cluster wieder auflösen (siehe oben). Nach Ende des Laserpulses fällt die Heizung der Cluster aufgrund von Mie–Absorption weg, so daß sich nach dem Laserpuls u.U.
ein stabiles Wachstum ausbilden kann. Bäuerle kommt in [92] sogar zu einer stationären
Abschätzung, die zeigt, daß mit Hilfe einer bestimmten eingestellten und konstanten La-
serleistung aufgrund der oben erwähnten Gesetzmäßigkeiten Nanopartikel mit einer sehr
schmalen Verteilung in ihren Abmessungen hergestellt werden können.

5.3. Auswirkung der Wechselwirkungsmechanismen auf die Materialdampfexpansion

5.3.1. Vorbemerkung zur numerischen Approximation

Das soweit eingeführte Modell ist in der Lage, ausgehend von einem angenommenen zeitlichen Verlauf der Oberflächentemperatur, die Dampfexpansion zu berechnen. In diesem Dampf kommt es aufgrund der in den vorherigen Kapiteln beschriebenen Wechselwirkungsmechanismen zu einer Absorption der Laserstrahlung im Dampf/Plasmagemisch. Der Anteil der absorbierten Intensität wird ber das Lambert-Beersche Gesetz ermittelt. Die an einem Knotenpunkt (i, j) aufgenommene Leistung pro Volumeneinheit wird in der numerischen Approximation durch

$$P_{i,j} = \frac{I_{i+1,j}}{\Delta z}\left(1 - \exp\left[(\alpha_{abs\ i,j} + \alpha_{ib\ i,j})\Delta z\right]\right) \tag{5.27}$$

berechnet, wobei Δz die Maschenweite in z–Richtung ist. Die anliegende Intensität am nächsten Knoten ist dann

$$I_{i,j} = I_{i+1,j}\exp\left[(\alpha_{mie\ i,j} + \alpha_{ib\ i,j})\Delta z\right]\quad . \tag{5.28}$$

An der Werkstückoberfläche bei $i = 1$ ist die Intensität

$$I_{1,j} = I = I_0\exp\left[\sum_{i=1}^{i=NETI}(\alpha_{mie\ i,j}\cdot\Delta z + \alpha_{ib\ i,j}\cdot\Delta z)\right]\quad , \tag{5.29}$$

wobei $NETI$ die Netzgröße in z–Richtung ist. Der angenommene Temperaturverlauf an der Oberfläche wird nun genau um den Faktor I/I_0 abgeschwächt.

Im folgenden wird stets eine maximale Oberflächentemperatur von $10000\ K$ angenommen. Die Wellenlänge des Laserlichts, die eingestrahlte Intensität I_0 und die Umgebungsgasart wird variiert. Natürlich müßte sich auch die Temperatur an der Oberfläche bei der Variation der Laserwellenlänge und der Intensität ändern. Hier geht es jedoch nur darum, die Auswirkungen der Wechselwirkungsmechanismen auf Clusterbildung, Plasmatemperatur, Grad der Übersättigung, Absorptionskoeffizienten in der Dampf/ Plasmawolke usw. zu untersuchen. Eine konsistente Betrachtung wird in Abschnitt 6 nachgeholt, die hier noch bewußt ausgeklammert wurde.

5.3.2. Wellenlängeneinfluß

Die Wellenlänge der eingestrahlten Laserenergie geht explizit in die drei betrachteten Wechselwirkungsmechanismen ein. So ist die Mie–Absorption nach Gleichung (5.20) von a/λ, die Mie–Streuung nach Gleichung (5.21) von $(a/\lambda)^4$ und die inverse Bremsstrahlung von λ^2 abhängig. Die λ^2–Abhängigkeit ist aus Gleichung (5.4) nicht unmittelbar einzusehen, jedoch wird die Wellenlängenabhängigkeit der inversen Bremsstrahlung durch die rechte Seite von Abb. 5.1 untermauert. Für Clusterradien, die wesentlich kleiner als die Laserwellenlänge sind, bedeutet dies, daß in der Regel die Streuung an den Clustern nicht wesentlich zur Extinktion beitragen kann. Für größere Wellenlängen gewinnt die inverse

Bremsstrahlung an Bedeutung. Jedoch ist diese stark von der Elektronendichte im Dampf abhängig, so daß auch die Dampftemperatur ausreichend hoch sein muß, um eine erkennbare Absorption zu verursachen. Im folgenden sind Rechenergebnisse für das Material Aluminium und das Umgebungsgas Stickstoff bei einem Druck von 1 *bar* exemplarisch dargestellt.

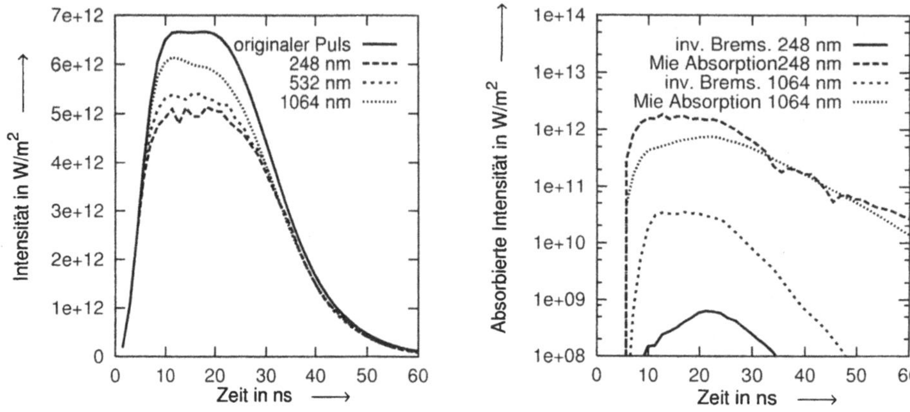

Abb. 5.11.: Abgeschwächte Intensitätsverläufe auf der Materialoberfläche für verschiedene Wellenlängen im Vergleich zum originalen Intensitätsverlauf ($I_0 = 6,66 \cdot 10^8 W/cm^2$) des Laserpulses (links). Die rechte Seite zeigt für 248 *nm* und 1064 *nm* die zeitliche Entwicklung der Intensität, die jeweils durch inverse Bremsstrahlung und Mie–Absorption absorbiert wird.

Die abgeschwächten Intensitätsverläufe auf der Materialoberfläche für verschiedene Wellenlängen sind auf der linken Seite der Abb. 5.11 dargestellt. Der Anteil der durch die Dampf/ Plasmawolke transmittierten Laserpulsenergie nimmt dabei mit abnehmender Wellenlänge ab. Die rechte Seite der Abb. 5.11 zeigt die zeitliche Entwicklung der absorbierten Laserpulsenergie in Abhängigkeit von der Wellenlänge. Dabei illustriert die rechte Seite von Abb. 5.11, daß die Dampftemperatur offensichtlich selbst für 1064 *nm* nicht hoch genug ist, um genügend freie Elektronen zu liefern, damit inverse Bremsstrahlung sich signifikant auf die gesamte Absorption auswirkt. Sie ist im Vergleich zur Mie–Absorption klein. Der Anteil der absorbierten Energie wird bei $I_0 = 6,66 \cdot 10^8 \ W/cm^2$ bzw. $H = 20 \ J/cm^2$ maßgeblich durch die Mie–Absorption bestimmt.

Der relativ geringe Anteil an der eingestrahlten Energie, der im Dampf absorbiert wird, reicht jedoch aus, um die Temperatur und die reziproke Übersättigung zu erhöhen, wie in Abb. 5.12 dargestellt. Aufgrund der Abschirmung verringert sich die Abtragsmenge. Damit reduziert sich die Verdampfungsgeschwindigkeit, so daß zunächst auch die Stoßreichweite für die kleinere Wellenlänge kleiner ist. Insbesondere bedeutet dies, daß in diesem Bereich bei den benutzten Parametern die Stoßfront durch den Massenzuwachs in der Gasphase getrieben wird. Die durch die Cluster absorbierte Energie führt instantan nur zu einer Druck- und Temperaturerhöhung am Ort der Absorption und wirkt sich erst später, zum Teil nach Pulsende, beschleunigend auf die Stoßwelle aus. In diesem Bereich wird die Stoßwelle durch die Absorption der Laserstrahlung in der Gasphase getrieben.

Bei einer Laserwellenlänge von 248 *nm* wie 532 *nm* kommt es aufgrund der Absorption

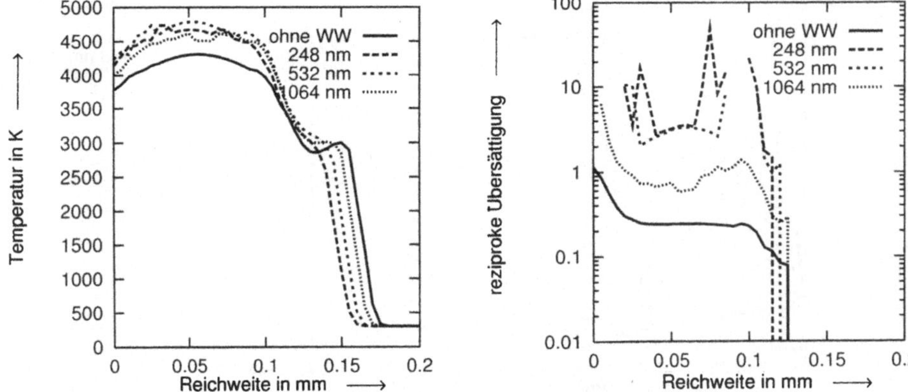

Abb. 5.12.: Temperaturerhöhung im Dampf (links) und Abnahme der Übersättigung des Dampfes (rechts) durch Absorption der Laserintensität an Materialclustern entlang der optischen Achse für 40 ns nach Laserpulsbeginn (für Bereiche im Dampf, in denen die Übersättigung null wird, wie z.B. für 248 nm zwischen $0,08$ mm und $0,11$ mm, kann die reziproke Übersättigung im Diagramm nicht dargestellt werden).

zu einem starken Anstieg der reziproken Übersättigung, so daß sich größere Clusterradien und deutlich niedrigere Kondensationsgrade ausbilden als in einer Dampfwolke, die ohne Wechselwirkung mit der einfallenden Strahlung expandieren kann. Die in Abb. 5.13 dokumentierten starken Schwankungen sind, wie bereits erwähnt wurde, durch die von Zeitschritt zu Zeitschritt wechselnden Kondensationsbedingungen verursacht, d.h. ständiger Sprung zwischen Keimbildung– und Nukleonisationsphase, Koaleszenzstadium und Wiederverdampfung der Cluster. Es gibt kein ungestörtes Wachstum wie für eine Expansion ohne Wechselwirkungsprozesse. Die Clusterabmessungen sind also durch die Keimbildungsphase dominiert, in der die Radien direkt proportional zur reziproken Übersättigung sind.

Bei 1064 nm stellt sich im Gegensatz zu den beiden anderen Wellenlängen jedoch ein ungestörtes Wachstum ein. In diesem Fall ist die absorbierte Energie zu niedrig, um eine Wiederverdampfung zu bewirken, so daß die Phase der Koaleszenz bestehen bleibt. Insgesamt ist der Kondensationsgrad und der Clusterradius bei 1064 nm niedriger als bei einer Expansion ohne Wechselwirkungsprozesse. Der niedrigere Kondensationsgrad ist auf die höhere Dampftemperatur und damit auf den höheren Gleichgewichtsdampfdruck im Koaleszenzstadium zurückzuführen (siehe Gleichung (5.18)). Dies läßt sich anhand folgender Überlegungen verstehen: im Koaleszenzstadium dominiert die Temperatur die Wachstumsgeschwindigkeit, da nach den Gleichungen (5.15) und (5.16) $a \propto 1/T$ und $a \propto (p_\infty/p)^{1/3}$ gilt. Mit wachsender Temperatur strebt p_∞ gegen p, so daß tatsächlich für 1064 nm der Clusterradius kleiner sein muß als für die Expansion ohne Wechselwirkung.

Der gemittelte[8] Clusterradius und Kondensationsgrad ist in Abb. 5.14 in der zeitlichen

---

[8]Der Mittelwert wird dadurch bestimmt, daß an allen Knoten des Feldes, an denen die Größen, wie z.B. Clusterradius, von null verschieden sind, die Größen aufsummiert und durch die Knotenanzahl geteilt werden.

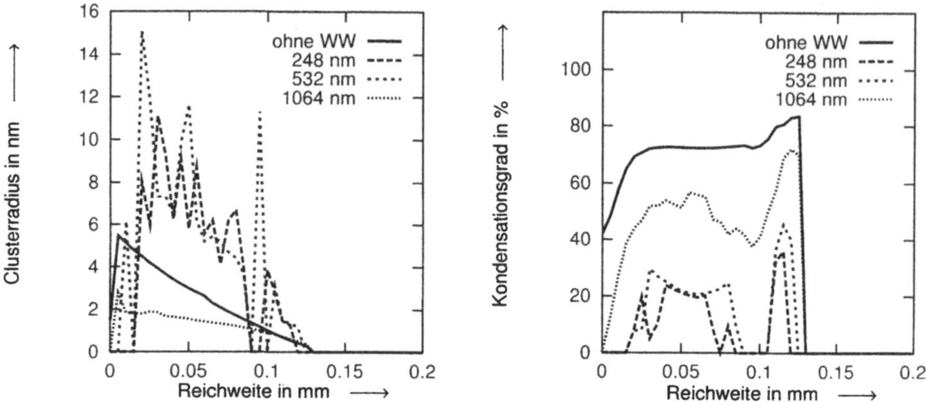

Abb. 5.13.: Clusterradiusverteilung (links) und Kondensationsgrad (rechts) entlang der optischen Achse für verschiedene Wellenlängen 40 ns nach Laserpulsbeginn.

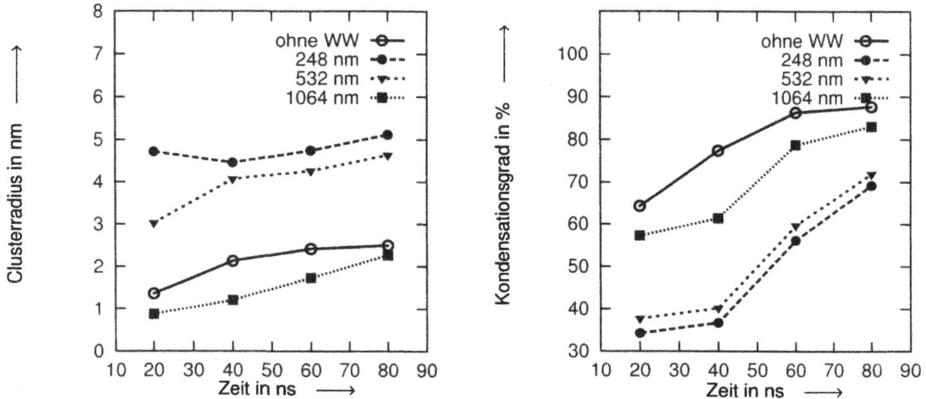

Abb. 5.14.: Zeitliche Entwicklung des gemittelten Clusterradius (links) und Kondensationsgrades (rechts).

Entwicklung aufgetragen. Darin wird das bereits diskutierte untermauert. Des weiteren geht daraus hervor, daß die Cluster nach 40 ns insgesamt schneller wachsen und der Kondensationsgrad stärker zunimmt als bei einer Expansion ohne Wechselwirkungsprozesse. Dies ist darauf zurückzuführen, daß nach dem Ausschalten des Laserpulses die Energieaufnahme im Dampf aussetzt. Der Dampf kühlt sich ab, was zu einem schnellen Anstieg des Kondensationsgrades führt. Für den Fall der Berechnung ohne Wechselwirkung liegt der Kondensationsgrad schon zu Beginn auf einem hohen Niveau, so daß nach Pulsende sich dieser nur noch asymptotisch dem Grenzwert nähert.

5.3.3.   Einfluß der Intensität

Die Heizung des Dampf/ Plasmagemisches ist nicht nur durch den Absorptionskoeffizienten gegeben, sondern hängt auch von der eingestrahlten Laserintensität selbst ab. Mit stei-

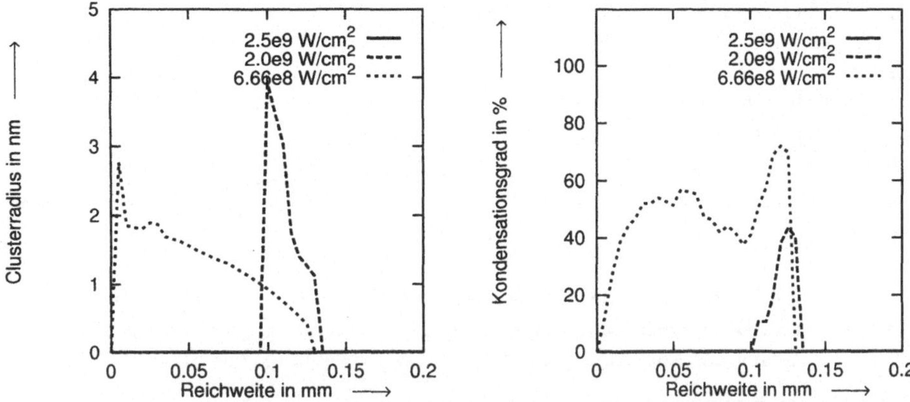

Abb. 5.15.: Clusterradiusverteilung und Kondensationsgrad entlang der optischen Achse für verschiedene Intensitäten 40 ns nach Laserpulsbeginn für die Laserwellenlänge von 1064 nm.

gender Intensität wächst die Energieaufnahme der Cluster pro Zeiteinheit und damit die Temperatur des Dampfes. Die höhere reziproke Übersättigung führt dazu, daß nur Cluster mit größeren Abmessungen existieren können. Bei hohen Intensitäten $I_0 > 1 \cdot 10^9$ W/cm^2 wird soviel Energie im Dampf deponiert, daß in einem großem Bereich der Kondensationsgrad auf null absinkt und die Cluster sich wieder auflösen, nachdem sie genügend Laserenergie absorbiert haben. Abb. 5.15 zeigt den Clusterradius und den Kondensationsgrad 40 ns nach Pulsbeginn für drei verschiedene Intensitäten. Bei $2 \cdot 10^9$ W/cm^2 sind auf der optischen Achse nur noch in einem kleinen Bereich zwischen $0,1$ und $0,15$ mm Cluster mit Abmessungen bis zu 4 nm vorhanden. Für $2,5 \cdot 10^9$ W/cm^2 können zu diesem Zeitpunkt keine Cluster mehr existieren.

In Abb. 5.16 sind die Intensitätsverläufe auf der Materialoberfläche für den Fall dargestellt, daß nur die inverse Bremsstrahlung als Absorptionsmechanismus berücksichtigt ist. Der Vergleich mit der Berechnung ohne Absorption zeigt, daß es aufgrund der inversen Bremsstrahlung kaum zu einer Absorption kommt. Abb. 5.17 hingegen dokumentiert den Fall, daß, wenn die Mie–Absorption zusätzlich berücksichtigt ist (der Verlauf der transmittierten Intensität addiert sich aus Anteilen, die sich aus der Absorption durch inverse Bremsstrahlung und der Mie–Absorption errechnen) es ab 32 ns zu einer vollständigen Abschirmung der Materialoberfläche kommt. In Abb. 5.17 sind zusätzlich zum Verlauf der durch das Dampf/ Plasmagemisch transmittierten Intensität auch die zeitlichen Verläufe der einfallenden Intensität abzüglich den durch inverse Bremsstrahlung bzw. durch Mie–Absorption absorbierten Anteilen aufgetragen Daraus ergibt sich, daß zunächst die Mie–Absorption dominiert. Ab etwa 10 ns setzt die inverse Bremsstrahlung ein, um ab 28 ns die Mie–Absorption zu übertreffen. Die Dampftemperatur erhöht sich, die Cluster lösen sich auf, und die Mie–Absorption setzt ab zirka 33 ns aus. Die inverse Bremsstrahlung

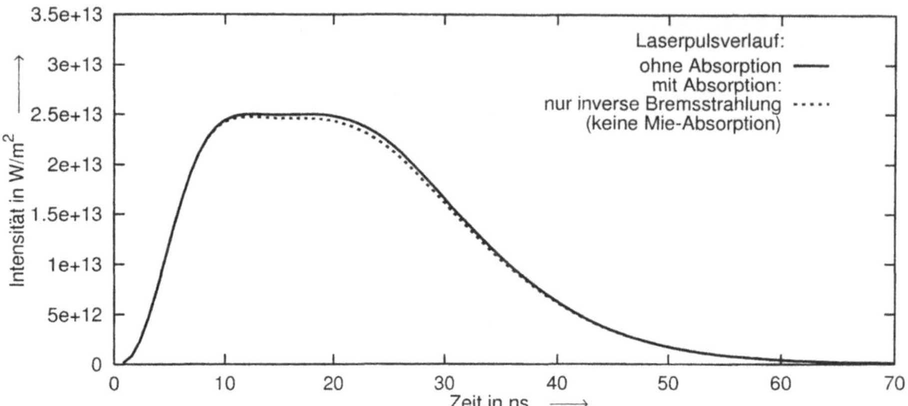

Abb. 5.16.: Zeitlicher Verlauf der Intensitäten an der Materialoberfläche ohne Absorption
und Berücksichtigung der inversen Bremsstrahlung, jedoch ohne Berücksichtigung der Mie–Absorption für die Laserwellenlänge von 1064 nm.

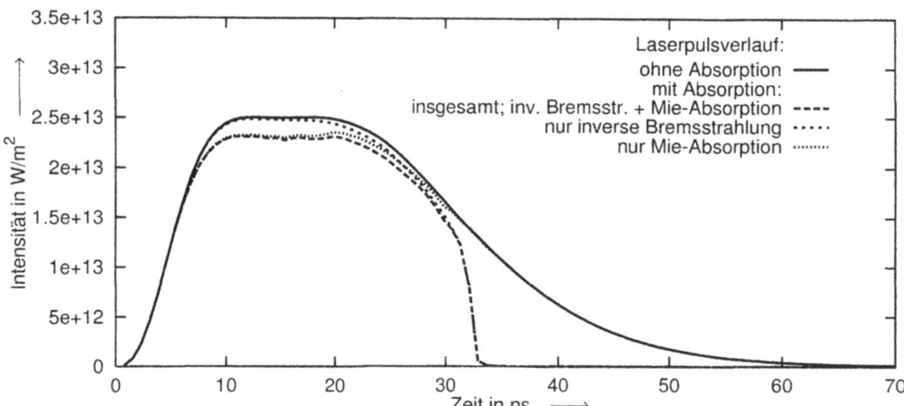

Abb. 5.17.: Zeitlicher Verlauf der Intensitäten an der Materialoberfläche mit Berücksichtigung der Mie–Absorption und der inversen Bremsstrahlung für die Laserwellenlänge von 1064 nm.

führt hingegen aufgrund der lawinenartigen Elektronenvermehrung zu einer vollkommenen
Abschirmung. Dieser Vergleich zeigt, daß Mie–Absorption benötigt wird, um den Dampf
soweit vorzuheizen, daß genügend Elektronen produziert werden, um inverse Bremsstrahlung zu initiieren. Die Temperatur des abdampfenden Materials reicht bei 1064 nm dafür
nicht aus – und erst recht nicht bei kleineren Wellenlängen wegen der λ^2–Abhängigkeit
der inversen Bremsstrahlung.

In Abb. 5.18 ist die zeitliche Entwicklung des gemittelten Absorptionskoeffizienten und
der gemittelten Elektronendichte dargestellt. Bei 20 ns ist der Absorptionskoeffizient noch
für die kleinste Intensität am größten, da für diese Intensität der Dampf am wenigsten
geheizt wird und damit der höchste Kondensationsgrad existiert. Bei 40 ns dominiert bei

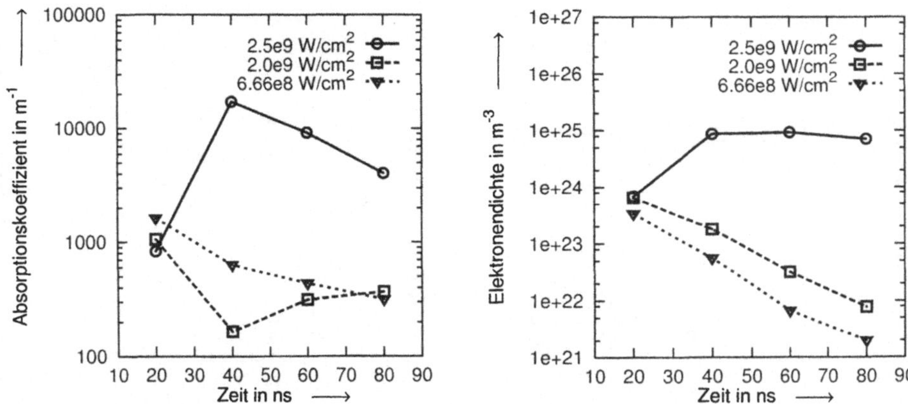

Abb. 5.18.: Zeitliche Entwicklung des über die Stoßwelle gemittelten Absorptionskoeffizienten und der gemittelten Elektronendichte für die Laserwellenlänge von
1064 nm.

$2,5 \cdot 10^9$ W/cm^2 bereits die inverse Bremsstrahlung. Dies resultiert in einem sprunghaften
Anstieg des Absorptionskoeffizienten. Für $2 \cdot 10^9$ W/cm^2 liegt der Absorptionskoeffizient
unterhalb des Wertes für $6,66 \cdot 10^9$ W/cm^2. In diesem Fall setzt die Mie–Absorption
aufgrund der Auflösung der Cluster nahezu aus, jedoch reicht die Heizung des Dampfes
nicht aus, um inverse Bremsstrahlung einzuleiten. Im Fall von $2,5 \cdot 10^9$ W/cm^2 steigt die
Elektronendichte mit dem Einsetzen der inversen Bremsstrahlung im Mittel auf Werte
von 10^{25} m^{-3}. In den anderen beiden Fällen fällt sie aufgrund der schnellen Abkühlung
des Dampfes.

5.3.4. Beeinflussung durch das Umgebungsgas

In Abb. 5.9 wurde für die Clusterbildung ohne Wechselwirkung mit der Laserstrahlung
dargestellt, daß aufgrund der sich in Argonatmosphäre höher einstellenden Dampftemperaturen die Clusterradien größer sind als in Heliumatmosphäre. Die Gegenüberstellung
der zeitlichen Entwicklung des mittleren Clusterradius und des mittleren Kondensationsgrades in Abb. 5.19 untermauert, daß durch weitere Energieaufnahme in der Wolke infolge
der Mie–Absorption die Clusterradien gegenüber den Clustern, die ohne Wechselwirkung
mit dem Strahlungsfeld berechnet wurden, steigen und der Kondensationsgrad deutlich
niedrigere Werte annimmt. Erst nach Pulsende führt die Abkühlung wieder zu einem
Anstieg des Kondensationsgrades. Insgesamt ist die Expansion in Helium als Umgebungsgas viel stärker, so daß die Dampftemperaturen geringer sind und sich dadurch kleinere
Cluster einstellen.

Wie der Vergleich der Absorptionskoeffizienten in Abb. 5.20 aufzeigt, sind die mittleren
Absorptionskoeffizienten aufgrund der insgesamt niedrigeren Kondensationsgrade für die
Berechnungen mit Berücksichtigung der Wechselwirkung kleiner als für diejenigen, die sich
ohne Wechselwirkung ergeben. Während des Pulses ist der mittlere Absorptionskoeffizient bei einer Heliumatmosphäre größer als bei Verwendung von Argon, da sich aufgrund
der niedrigeren Temperaturen ein höherer mittlerer Kondensationsgrad einstellt und der

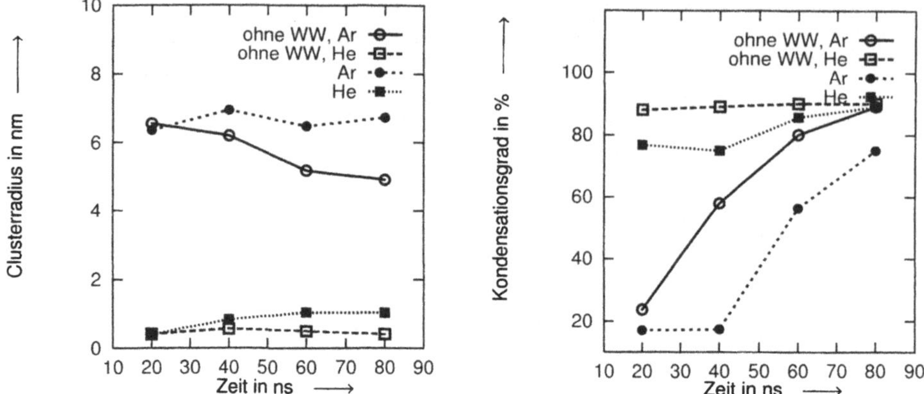

Abb. 5.19.: Zeitliche Entwicklung des mittleren Clusterradius und des Kondensationsgrades für Argon und Helium mit und ohne Wechselwirkungsprozesse bei
$6,66 \cdot 10^8 \ W/cm^2$ bzw. $20 \ J/cm^2$ und $248 \ nm$.

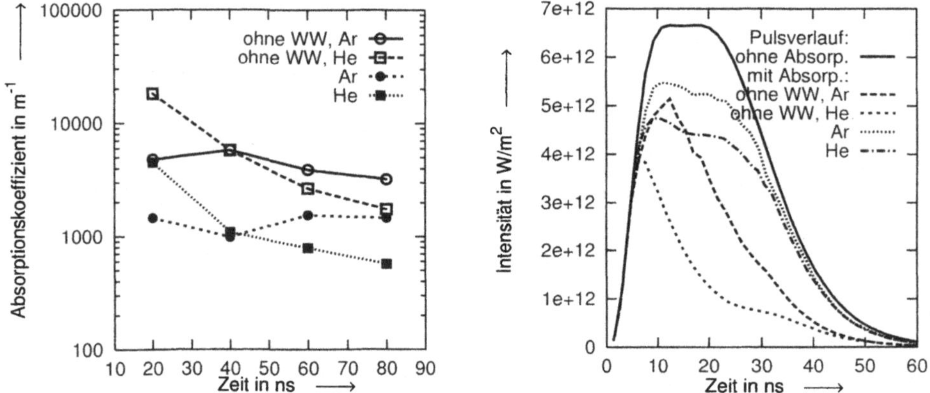

Abb. 5.20.: Zeitliche Entwicklung der mittleren Absorptionskoeffizienten und der Intensität auf der Materialoberfläche bei $6,66 \cdot 10^8 \ W/cm^2$ bzw. $20 \ J/cm^2$ und
$248 \ nm$.

Absorptionskoeffizient nach Gleichung (5.22) proportional zur Dichte der Cluster ist, welche über den Kondensationsgrad berechnet wird. Nach Pulsende dreht sich das Verhalten
um. Dort steigt dann auch der Kondensationsgrad bei Argon, so daß die Clusterdichte n_{cl}
vergleichbar mit der in Helium wird. Nach Gleichung (5.22) und (5.20) ist jedoch der Absorptionskoeffizient auch durch die Clusterabmessung gegeben. Mit dem Radius wächst
der Absorptionskoeffizient, so daß sich der wesentlich größere Clusterradius bei Argon gegenläufig auf die zeitliche Entwicklung des Absorptionskoeffizienten auswirkt. Die rechte
Seite von Abb. 5.20 präsentiert gegenüberstellend den zeitlichen Verlauf der Intensität auf
der Materialoberfläche ohne und mit Berücksichtigung der Wechselwirkungsprozesse. Es
zeigt sich, daß ohne Heizung des Dampfes die höheren Kondensationsgrade eine stärkere
Abschwächung zur Folge haben.

5.3.5. Bewertung der Ergebnisse

Die Messungen der Transmission der excimerlaserinduzierten Dampf/ Plasmawolke zeigen im Gegensatz zu den hier präsentierten Simulationsergebnissen, daß bereits ab zirka 10 J/cm^2 eine signifikante Abschirmung einsetzt [26]. Verschiedene Forschergruppen, z.B. [93,94], kommen aufgrund ihrer Auswertung von Emissionsspektren zu dem Schluß, daß in der Wolke eine genügend hohe Elektronendichte vorhanden ist, daß inverse Bremsstrahlung dominieren kann. Die notwendige hohe Elektronendichte zum initiieren der inversen Bremsstrahlung wird auch mittels den bereits erwähnten interferometrischen Messungen belegt [69]. Kontrovers dazu wurde von anderen Gruppen die Möglichkeit diskutiert, daß im UV–Bereich die Absorption an Materialclustern/ –tropfen die Abschirmung bewirkt [33,25,88].

Wie nun die Ergebnisse dieser Berechnungen zeigen, ist die Abschirmung vielmehr auf die Kombination mindestens der beiden Wechselwirkungsmechanismen Mie–Absorption und inverse Bremsstrahlung zurückzuführen. Hier zeigt sich, je nach Intensität und Wellenlänge, daß zunächst der Dampf durch kondensierte Materialcluster geheizt wird, die infolge der Mie–Absorption Laserpulsenergie aufgenommen haben; dabei können sich die Cluster auflösen. Ist die Heizung des Dampfes durch die Cluster groß genug, damit die Elektronendichte auf einen Wert ansteigen kann, bei dem die inverse Bremsstrahlung einsetzt, wird diese die abschirmende Wirkung der Mie–Absorption übernehmen. Die hier präsentierten Rechnungen zeigen allerdings auch, daß diese Folge der Mechanismen je nach Wellenlänge erst ab etwa 60 J/cm^2 auftritt. Dies steht nicht in Übereinstimmung mit den experimentellen Resultaten. Die Dampftemperatur muß demnach schon bei niedrigeren Energiedichten deutlich höher sein, damit sich die gemessenen Elektronendichten einstellen können. Die Temperatur an der Materialoberfläche jedoch ist bei diesen Energiedichten viel zu niedrig, als daß sich die benötigten Dampftemperaturen aus der reinen Expansion des verdampften Materials ergeben könnten. Ein denkbarer Ansatzpunkt zur Deutung der Diskrepanz wäre, daß zusätzlich zu den kondensierten Clustern Tropfen aus dem Abtragsbereich hinzu kämen, die aufgrund der auf das Schmelzbad wirkenden Drücke aus der Schmelze herausgeschleudert werden [53]. Weiterhin wäre möglich, daß der Abtrag, wie hier im Modell angenommen, nicht durch einen wohldefinierten Phasenübergang von der Schmelze zum Dampf erfolgt, sondern aus einem Konglomerat von Dampf– und Schmelzanteilen besteht, was z.B. in [16] vorgeschlagen wird; damit würde eine größere Anzahl Tropfen für die Mie–Absorption geliefert.

Von weiteren Arbeitsgruppen wurde ebenfalls erkannt, daß inverse Bremsstrahlung alleine nicht ausreicht, um die Abschirmung, insbesondere beim Abtragen mit Excimerlasern, zu erklären. Diese Gruppen [73,95,96] verweisen auf die Photoionisation aus angeregten atomaren Zuständen, deren Mechanismus in [17] erläutert ist. In jedem Fall erfordert die Betrachtung dieses Prozesses und die Einbindung in eine gas– und plasmadynamische Simulation eine genaue Kenntnis des atomaren Aufbaus und eine Nichtgleichgewichtsbeschreibung der Anregung und Rekombination. Insbesondere Boley [96] kommt nach seinen Simulationsrechnungen zu dem Schluß, daß für einen Kupferdampflaser mit einer Wellenlänge von 510 nm erst ab $3 \cdot 10^8$ W/cm^2 eine signifikante Absorption einsetzt. Dabei wird erst ab einer Dampf/ Plasmatemperatur von über 20000 K die inverse Bremsstrahlung dominant. Davor werden über den Prozeß der Photoionisation Elektronen erzeugt und damit die Absorption verursacht.

Mit diesem Hintergrund lassen sich die Ergebnisse folgendermaßen bewerten. Die Intensitäten, die erforderlich sind, um mit dem in der vorliegenden Arbeit erstellten Simulationsprogramm die gemessenen hohen Abschirmungen zu erklären, sind etwa um den Faktor fünf zu hoch. Hingegen werden die Energieflüsse aufgezeigt, so daß sich damit erklären läßt, wie der Materialdampf durch die Mie–Absorption geheizt wird und so die gemessenen Elektronendichten, die zu deutlich höheren Dampftemperaturen korrespondieren, auftreten. Hinsichtlich einer Effektivitätsbetrachtung muß jedoch darauf hingewiesen werden, daß aufgrund nicht berücksichtigter Mechanismen die beaufschlagten Energiedichten um den Faktor fünf nach unten skaliert werden müssen. Dies gilt insbesondere auch für die Überlegungen in Kapitel 6.

5.4. Synopsis

In diesem Kapitel wurden die Auswirkungen der Mie–Absorption und der inversen Bremsstrahlung auf die Materialdampfexpansion untersucht. Dazu mußte die Kondensation von Clustern im Materialdampf berechnet werden. Der Einfluß unterschiedlicher Parameter auf den Kondensationsprozeß wurde diskutiert. Die im folgenden dargestellten Erkenntnisse basieren auf den Simulationsrechnungen.

- Der Absorptionskoeffizient der inversen Bremsstrahlung wurde nach Mulser unter Verwendung der Stoßfrequenzen nach Tannenbaum berechnet.

- Bei 1 *bar* Umgebungsgasdruck sind die Stoßfrequenzen im Dampf so hoch, daß die Saha–Gleichung zur Berechnung der Elektronendichte herangezogen werden darf.

- Die Temperatur des abströmenden Metalldampfs reicht nicht aus, um für die untersuchten Wellenlängen den Mechanismus der inversen Bremsstrahlung direkt in Gang zu setzen.

- Die Mie–Theorie wird als weiterer Mechanismus der Absorption diskutiert. Dies erfordert die Berechnung von Clustergröße und Kondensationsgrad.

- Die Expansion des verdampften Materials führt zu einer Übersättigung im Dampf. Die Kondensation von Clustern wird klassischen Theorien folgend in einer quasistationären Approximation berechnet.

- Mit zunehmender Oberflächenspannung und abnehmender Temperatur der Materialoberfläche nimmt der kritische Radius der Cluster oberhalb der Knudsenschicht ab. Die Anzahl der sich pro Volumen und Zeit bildenden Cluster nimmt schlagartig nach dem Einsetzen der Übersättigung zu.

- Die Clusterbildungsrate beim Abtragen mit Kurzpulslasern ist so hoch, daß bereits unterhalb einer Nanosekunde die Kondensation mit Hilfe der Theorie für das Koaleszenzstadium beschrieben werden muß.

- Ohne Wechselwirkung zwischen Dampf und Laserstrahl können die Cluster nahezu ungehindert wachsen. Der Kondensationsgrad erreicht den Grenzwert von zirka 90 %.

- Jede Parametervariation, die zu einer Temperaturerhöhung in der Dampfwolke führt, verursacht größere Clusterradien und kleinere Kondensationsgrade.

- Die Mie–Streuung ist proportional zu $(a/\lambda)^4$ und die Mie–Absorption ist proportional zu a/λ. Für $a < \lambda$ dominiert die Mie–Absorption.

- Die Laserstrahlung wird durch die Cluster absorbiert, so daß sich die Temperatur der Cluster erhöht. Durch Atom–Cluster Stöße wird der umgebende Materialdampf aufgeheizt.

- Je kleiner die Wellenlänge der einfallenden Laserstrahlung ist, desto mehr Strahlung wird aufgrund der Mie–Absorption absorbiert. Das Verhältnis von durch inverse Bremsstrahlung zu durch Mie–Absorption absorbierter Energie wächst mit zunehmender Wellenlänge.

- Je kleiner die Wellenlänge ist, desto mehr Energie wird absorbiert und desto stärker wird auch der Dampf aufgeheizt, so daß kleinere Kondensationsgrade und größere Cluster entstehen als bei längeren Wellenlängen.

- Helium verursacht im Vergleich zu Argon eine größere Abschirmung, da aufgrund der schnelleren Expansion des Materialdampfes höhere Kondensationsgrade infolge der stärkeren Kühlung berechnet werden. Hingegen bilden sich bei Verwendung von Argon als Umgebungsgas größere Cluster aufgrund der höheren Dampftemperaturen.

- Die Mie-Absorption kann den Prozeß der inversen Bremsstrahlung initiieren. Aufgrund der Mie–Absorption werden die Cluster heiß. Durch Atom–Cluster Stöße heizt sich auch der Dampf auf. Die höhere Temperatur im Dampf erzeugt mehr freie Elektronen. Da die inverse Bremsstrahlung proportional zur Elektronendichte ist, kann der Schwellwert überschritten werden, ab dem die lawinenartige Vermehrung der Elektronen einsetzt. Die Folge ist eine komplette Abschirmung der Materialoberfläche.

- Der Prozeß der Photoionisation aus angeregten Zuständen ist hier nicht berücksichtigt. Dieser Prozeß würde dazu führen, daß eine vollständige Abschirmung vermutlich früher und auch für kleinere Intensitäten einsetzen würde.

6. Effektivitätsbestimmende Faktoren ermittelt durch ganzheitliche Betrachtungsweise

Zur Identifizierung der Mechanismen, die sich effektivitätsbestimmend auf den Abtragsprozeß auswirken, ist eine Verknüpfung des Modells, welches den dreidimensionalen Abtrag berechnet (Kapitel 2), mit dem Modell, welches die Materialdampfausbreitung unter Einbeziehung der Wechselwirkungsmechanismen (Kapitel 4 und 5) simuliert, nötig. Dadurch kann direkt die Abtragstiefe und das energiespezifische Abtragsvolumen (in den Diagrammen kurz als spezifisches Volumen bezeichnet) ermittelt werden. Das energiespezifische Abtragsvolumen kann als Maß für die Effektivität definiert werden, da es das abgetragene Volumen in Relation zu der dazu benötigten Energie setzt. Des weiteren lassen sich die Energieflüsse bestimmen, d.h. es kann mit diesem Modell identifiziert werden, welche Anteile an der verfügbaren Laserpulsenergie beispielsweise durch Wärmeleitung, Reflexion an der Materialoberfläche oder durch Extinktion in der Dampf/ Plasmawolke usw. aufgebraucht werden.

Im folgenden wird nur der Abtrag an einer ebenen Materialoberfläche betrachtet. Insbesondere bedeutet dies, daß es zu keiner Effektivitätssteigerung aufgrund der Vielfachreflexion an den Wänden des Abtrags kommen kann und daß sich die Reflexionsverluste direkt aus dem Reflexionsgrad bei einem senkrechten Lichteinfall berechnen.

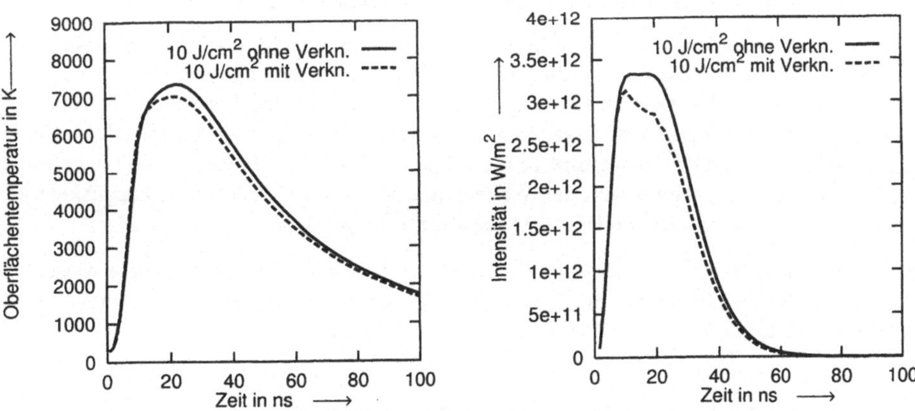

Abb. 6.1.: Zeitliche Entwicklung des Temperaturverlaufs (links) und der Intensität (rechts) auf der Materialoberfläche für $3,33 \cdot 10^8 \ W/cm^2$ und $248 \ nm$ jeweils ohne und mit Berücksichtigung einer Verknüpfung des Abtragsmodells und des gasdynamischen Modells.

In [97] ist ausführlich die programmtechnische Verknüpfung der beiden Modelle erläutert. So muß einerseits im Abtragsmodell der durch die Absorptionsmechanismen modifizierte Intensitätsverlauf auf der Materialoberfläche berücksichtigt werden. Andererseits ändert sich auch der zeitliche Fluß der abgetragenen Masse, so daß diese Modifikation wiederum im gasdynamischen Modell beachtet werden muß. Mit der Verknüpfung der beiden Modelle ist eine konsistente Beschreibung des Abtragsprozesses möglich, insbesondere gehen hier die tatsächlichen durch das Abtragsmodell ermittelten Oberflächentemperaturen als Randbedingung in das gasdynamische Modell ein.

Abb. 6.1 demonstriert für Aluminium mit einer dünnen Oxidschicht, daß aufgrund der absorbierten Laserenergie im Dampf die Oberflächentemperatur weniger stark ansteigt. Insgesamt kann dadurch weniger Masse abgetragen werden, so daß die Effektivität des Prozesses durch einsetzende Extinktion in der Wechselwirkungszone oberhalb des Werkstücks abnimmt.

In den nächsten Abschnitten sind für verschiedene Laser- und Prozeßparameter die berechneten Energieflüsse und abgetragenen Massen dargestellt, so daß für das Abtragen geeignete Prozeßfenster definiert werden können. Der Radius der bestrahlten Fläche beträgt für alle Parameterrechnungen 100 μm.

6.1. Einfluß der Laserparameter auf die Effektivität

Diskussionsgegenstand der folgenden Kapitel ist u.a. die Möglichkeit zur Steigerung der abgetragenen Masse pro Puls mehr Pulsspitzenintensität bereitzustellen. Bei festgehaltener bestrahlter Fläche kann dies sowohl durch Steigerung der Pulsenergie bei konstanter Pulsdauer als auch durch Verkürzung der Pulsdauer bei einer konstanten Pulsenergie erfolgen. Eine weitere interessante Problemstellung, die hierbei aufgeworfen wird, ist, wie sich die Effektivität des Prozesses verhält, wenn die Pulsspitzenintensität konstant gehalten wird, sich aber Pulsenergie und Pulsdauer gleichermaßen ändern.

Des weiteren bestimmt die Wellenlänge des Laserlichts sowohl die Extinktionskoeffizienten in der Wechselwirkungszone oberhalb des Werkstücks als auch den Einkoppelgrad der Laserstrahlung in das Werkstück. Als Einkoppelgrad wird das Verhältnis der eingekoppelten Energie zur gesamten Laserpulsenergie definiert. Die eingekoppelte Energie teilt sich in Wärmeleitungsverluste und in die latente Wärme auf. Inwieweit die zum Teil gegenläufigen Abhängigkeiten von der Wellenlänge sich auf die Effektivität auswirken, kann nur durch diese ganzheitliche Betrachtung diskutiert werden.

Als zweckmäßig für die Diskussion der Energieflüsse beim Laserabtragen erweisen sich Balkendiagramme, in denen die Energieanteile der verschiedenen Mechanismen an der insgesamt verfügbaren Laserpulsenergie zueinander aufgetragen sind.

6.1.1. Variation der Energiedichte bei konstanter Pulsdauer

Die Abtragstiefe und das energiespezifische Abtragsvolumen in Abhängigkeit von der Energiedichte ist in Abb. 6.2 aufgetragen. Die Halbwertsbreite des Laserpulses beträgt dabei 30 ns. Die Abtragstiefe pro Puls nimmt zunächst linear mit steigender Energiedichte bis 75 J/cm^2 zu. Das spezifische Volumen, welches sich aus dem Quotienten aus Abtrag-stiefe und Energiedichte errechnet, nimmt bis $H = 30\ J/cm^2$ zu. Aufgrund des höheren Reflexionsgrades bei 1064 nm kommt es zu kleineren Abtragstiefen als bei 248 nm (siehe dazu auch Abschnitt 6.1.4).

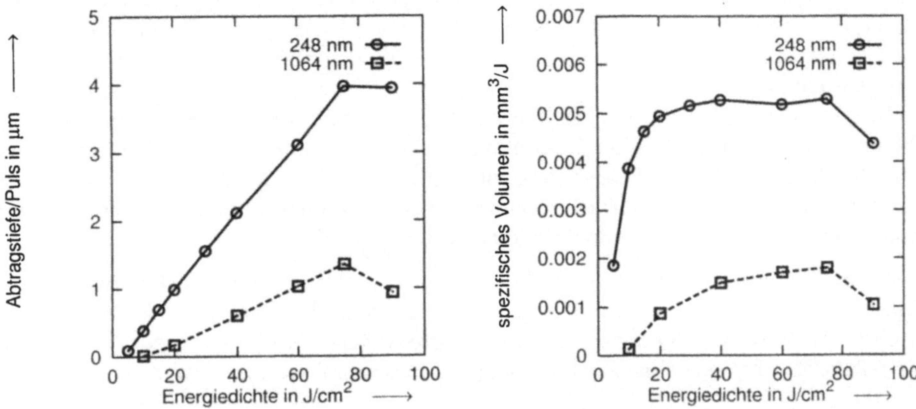

Abb. 6.2.: Abtragstiefe pro Puls (links) und spezifisches Volumen (rechts) in Abhängigkeit von der Energiedichte für Aluminium mit einer dünnen Oxidschicht bei den Wellenlängen 248 nm und 1064 nm und dem Umgebungsgas Stickstoff bei 1 bar.

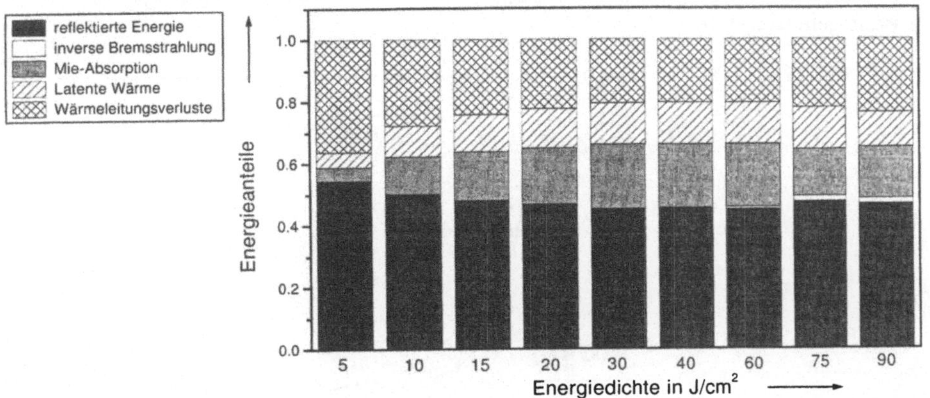

Abb. 6.3.: Energieanteile beim Laserabtragen von Aluminium mit einer dünnen Oxid-schicht für eine Wellenlänge von 248 nm bei 1 bar Stickstoffatmosphäre.

Der starke Anstieg des spezifischen Volumens für Energiedichten unterhalb von 30 J/cm^2 sowie der Einbruch bei 90 J/cm^2 in Abb. 6.2 kann anhand der in Abb. 6.3 dargestellten Ergebnisse verstanden werden. Dort sind die Energieanteile an der verfügbaren Laserpul-senergie aufgetragen, die durch Reflexion an der Oberfläche, durch Wärmeleitungsverlu-ste im Material, durch Absorption aufgrund Mie–Absorption bzw. inverser Bremsstrahlung und zur Aufwendung der latenten Wärme, die die einzig nutzbare Energiefraktion ist und sich direkt in der Abtragsrate widerspiegelt, aufgebraucht werden. Demnach ist der Anstieg der Effektivität unterhalb von 30 J/cm^2 auf die starke Abnahme des Anteils an Wärmeleitungsverlusten zurückzuführen. Mit steigender Energiedichte wächst jedoch zunächst auch der Anteil der im Dampf absorbierten Energie aufgrund der Mie–Absorption. Ein Teil davon führt dazu, daß der Materialdampf geheizt wird, so daß sich die Cluster zum Teil wieder auflösen und der Anteil der durch Mie–Absorption dem Laserstrahl entzogenen Energie nicht weiter zunimmt. Oberhalb von 60 J/cm^2 reicht diese Heizung aus, daß aufgrund der hinreichend erzeugten Elektronendichten die inverse Bremsstrahlung als zusätzlicher Absorptionsmechanismus hinzukommt. Bei 90 J/cm^2 nehmen die Wärmeleitungsverluste wieder anteilig zu, da aufgrund des hohen Dampfdrucks weniger Material verdampft wird, so daß mehr Wärme aufgrund der größeren Temperaturgradienten in das Werkstück abgeführt wird.

Der Anteil der an der Oberfläche reflektierten Energie übersteigt für alle hier betrachteten Energiedichten deutlich die übrigen Anteile, und ist auch erheblich größer als sich aus direkten Messungen [100] ergibt. Bei diesen Berechnungen wird nicht berücksichtigt, daß die reflektierte Energie ebenfalls das Dampf/ Plasmagemisch heizen kann.

6.1.2. Variation der Pulslänge bei konstanter Pulsenergie

Die Zunahme der Pulsenergie bei konstanter Pulsdauer führt zu einem Sättigungsverhalten der Abtragsrate, da ein Teil der Strahlung im Dampf/ Plasmagemisch absorbiert wird (Abschnitt 6.1.1). Inwieweit nun eine Änderung der Pulslänge die Effektivität beeinflußt, wird in diesem und dem nächsten Abschnitt diskutiert, wobei zunächst die Pulsenergie konstant gehalten wird.

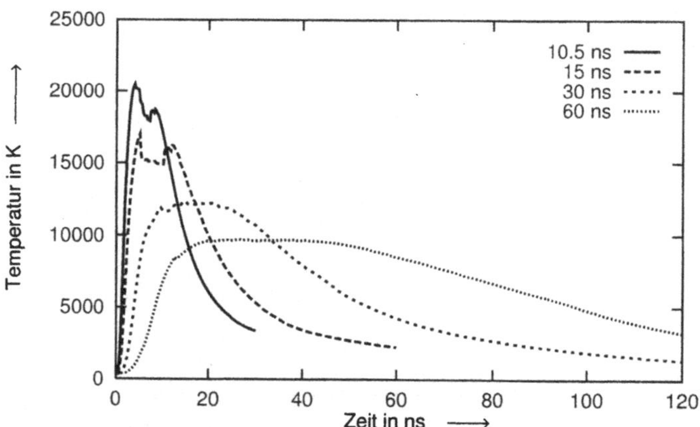

Abb. 6.4.: Zeitlicher Verlauf der Oberflächentemperatur für verschiedene Pulsdauern bei einer konstanten Energiedichte von 60 J/cm^2.

Bei einer konstanten Pulsenergie und konstanter bestrahlter Fläche wird durch Verkürzung der Pulsdauer die Intensität gesteigert. Wie Abb. 6.4 zeigt, resultiert daraus ein starker Anstieg der maximalen Oberflächentemperatur, jedoch ist das Material auch wieder sehr viel schneller abgekühlt. Aufgrund der Absorption im Dampf/ Plasmagemisch treten im zeitlichen Verlauf der Oberflächentemperatur bei höheren Intensitäten lokale Minima auf, so daß trotz der höheren Intensität bzw. kleineren Pulsdauer die Abtragstiefe abnimmt, wie die linke Seite von Abb. 6.5 darstellt. Die Bearbeitung mit längeren Pulsen ist dadurch

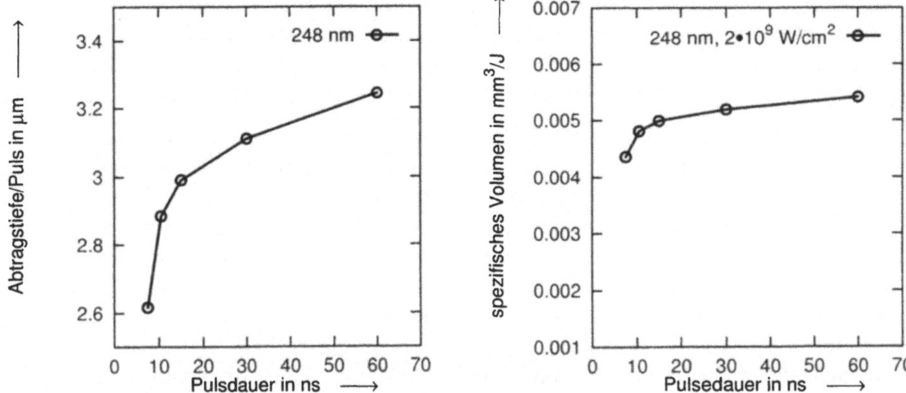

Abb. 6.5.: Abtragstiefe pro Puls (links) und spezifisches Volumen (rechts) als Funktion der Pulsdauer bei einer konstanten Energiedichte von 60 J/cm^2 (Al, N$_2$, 1 *bar*). Die Pulsdauern von 60 *ns*, 30 *ns*, 15 *ns*, 10, 5 *ns* und 7, 5 *ns* korrespondieren in etwa mit den Intensitäten $1 \cdot 10^9$ W/cm^2, $2 \cdot 10^9$ W/cm^2, $4 \cdot 10^9$ W/cm^2, $5, 71 \cdot 10^9$ W/cm^2 und $8 \cdot 10^9$ W/cm^2.

effektiver (rechte Seite von Abb. 6.5). Für noch kürzere Pulsdauern, z.B. im Bereich der Pikosekundenlaser, ist eine Nichtgleichgewichtsdiskussion notwendig, die beispielsweise für die Wärmeleitungsproblematik in [98] ausgeführt ist.

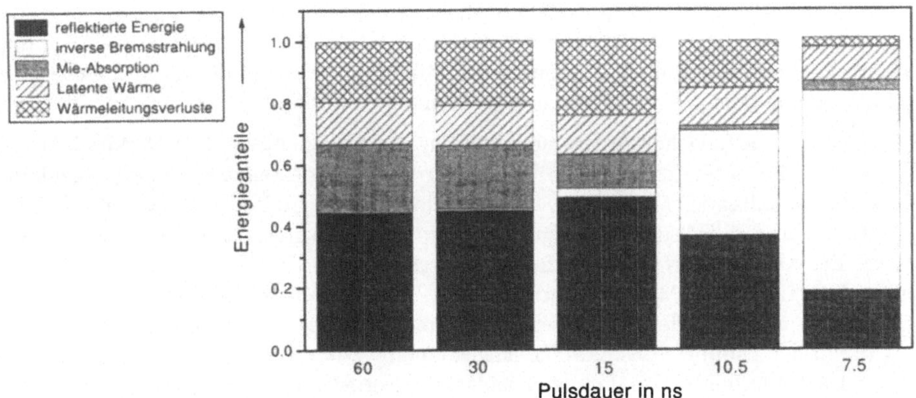

Abb. 6.6.: Energieanteile beim Laserabtragen von Aluminium mit einer dünnen Oxid-schicht mit einer Energiedichte von 60 J/cm^2 für verschiedene Pulslängen bei 1 *bar* Stickstoffatmosphäre und der Wellenlänge von 248 *nm*.

Auch die Diskussion der in Abb. 6.6 dargestellten Energieanteile muß unter dem Gesichtspunkt geführt werden, daß die kritische Temperatur zum Teil weit überschritten ist und der Abtrag nicht über einen definierten Phasenübergang erfolgt [16]. In der hier verwendeten Modellvorstellung wird die Verdampfungsfrontgeschwindigkeit direkt über die Clausius–Clapeyronsche Dampfdruckkurve (2.8) bestimmt, die oberhalb der kritischen Temperatur nicht existiert. Die weitere Verwendung dieser Gleichung über die kritische Temperatur hinaus kann zu einer zu hohen Verdampfungsfrontgeschwindigkeit führen. Das Resultat ist, daß der Kühlterm in der Stefansbedingung (2.3) zu stark gewichtet ist. Als Folge ergeben sich rechnerisch geringere Wärmeleitungsverluste und höhere Abtragsraten.

Der Energieanteil, der in die latente Wärme fließt, ist nahezu unabhängig von der Pulsdauer. Die mit kürzer werdender Pulsdauer bzw. zunehmender Intensität steigenden Dampftemperaturen verringern den Kondensationsgrad, so daß der Einfluß der Mie–Absorption mit zunehmender Intensität abnimmt. Gleichzeitig steigt die Elektronendichte und damit der Einfluß der inversen Bremsstrahlung. Bei 15 ns ergibt sich die geringste Abschirmung, da der Kondensationsgrad bereits zu gering ist, um signifikant Mie–Absorption zu verursachen. Die Temperatur im Dampf ist jedoch nicht hoch genug, um den lawinenartigen Prozeß der inversen Bremsstrahlung zu initiieren. Erst unterhalb von 15 ns setzt dieser Effekt maßgebend ein. Bei 7,5 ns sind die Oberflächentemperaturen und die Dampftemperaturen bereits so hoch, daß die Mie–Absorption nicht mehr benötigt wird, um den Dampf zusätzlich zu heizen und dadurch inverse Bremsstrahlung zu starten.

6.1.3. Variation der Pulslänge bei konstanter Intensität

Ganz im Gegensatz zur Variation der Pulslänge bei konstanter Pulsenergie stellen sich an der Oberfläche bei Variation der Pulslänge bei konstanter Intensität, wie Abb. 6.7 zeigt, unabhängig von der Energiedichte nahezu die gleichen maximalen Temperaturen ein. Für längere Pulsdauern liegen die Temperaturen für ein größeres Zeitintervall im Bereich der maximalen Oberflächentemperatur. Dadurch verdampft zeitlich integriert insgesamt mehr Material und die Abtragstiefe steigt, wie die linke Seite von Abb. 6.8 zeigt, nahezu linear mit der Energiedichte. Wird das effektiv abgetragene Volumen berechnet, so zeigt sich jedoch bei der Pulsdauer von 15 ns bzw. einer Energiedichte von 30 J/cm^2 ein Minimum (siehe rechte Seite von Abb. 6.8). Obwohl das Minimum nicht signifikant ist, lohnt es sich die Phänome, die bei dieser Pulsdauer auftreten, zu diskutieren.

Abb. 6.9 stellt das zugehörige Balkendiagramm der Energieflüsse dar. Daraus läßt sich ableiten, daß dieses Minimum durch die Überlagerung mindestens zweier sich gegenläufig zueinander verhaltender Mechanismen verursacht wird. So breitet sich die Dampf/ Plasmawolke für längere Pulsdauern aufgrund der größeren Abtragsmenge weiter aus, so daß dadurch der Absorptionsweg der einfallenden Strahlung durch die Wolke größer wird und weniger Energie auf die Materialoberfläche fällt. Mit steigender Pulsdauer bzw. Energiedichte nimmt also die Effektivität wegen zunehmender Mie–Absorption ab. Des weiteren führt die in der Dampf/ Plasmawolke eingekoppelte Energie dazu, daß sich die Cluster und der Dampf aufheizen, so daß der Kondensationsgrad und damit die Mie–Absorption abnehmen. Die Dampf/ Plasmawolke wird wieder transparenter, so daß dieser Prozeß zu einer Steigerung der Effektivität führt.

Bei höheren Energiedichten wird die Dampf/ Plasmawolke genügend stark ionisiert, so daß die inverse Bremsstrahlung einsetzen kann. Beispielsweise nimmt bei der Pulsdauer

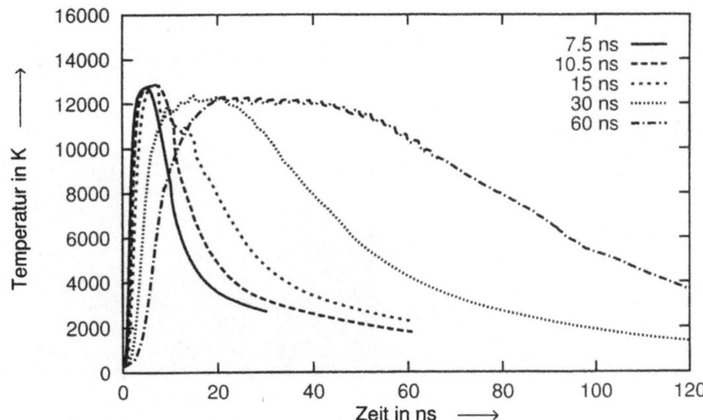

Abb. 6.7.: Zeitlicher Verlauf der Oberflächentemperatur für verschiedene Pulsdauern bei einer konstanten Intensität von $2 \cdot 10^9 \ W/cm^2$.

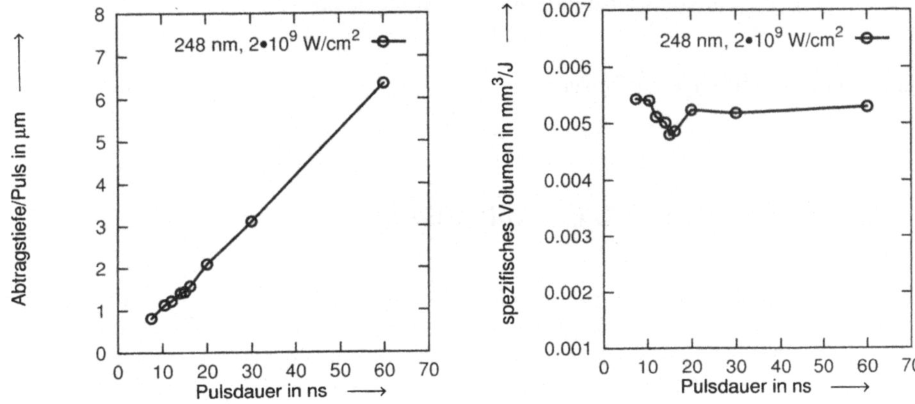

Abb. 6.8.: Abtragstiefe pro Puls (links) und das spezifische Volumen (rechts) als Funktion der Pulsdauer bei einer konstanten Intensität von $2 \cdot 10^9 \ W/cm^2$ (Al, N_2, 1 bar).

von 60 ns bzw. einer Energiedichte von 120 J/cm^2 die Mie–Absorption weiter ab, aber die inverse Bremsstrahlung trägt zusätzlich zur Absorption bei.

Die beschriebenen Effekte führen dazu, daß der Einkoppelgrad bei der Zunahme der Pulsdauer von $7,5 \ ns$ auf $10,5 \ ns$ bzw. einer Steigerung der Energiedichte von 15 J/cm^2 auf 21 J/cm^2 zunächst abnimmt. Eine weitere Zunahme der Pulsdauer bis 30 ns bzw. Energiedichte bis 60 J/cm^2 führt wieder zu einer Steigerung des Einkoppelgrades. Aufgrund der inversen Bremsstrahlung nimmt er schließlich bei 60 ns bzw. 120 J/cm^2 wieder ab. Obwohl der Einkoppelgrad bei 30 ns bzw. 60 J/cm^2 am größten ist, ist die Bearbeitung dort nicht am effektivsten, da in diesem Fall zusätzlich die Wärmeleitungsverluste anteilig größer sind als bei kurzen Pulsen. Im Gegensatz zu den Ergebnissen in Abschnitt 6.1.2 findet sich hier die effektivste Bearbeitung bei der kürzesten Pulsdauer, da die hier auftretenden Absorptionswege im Dampf/ Plasmagemisch und die Wärmeleitungsverluste

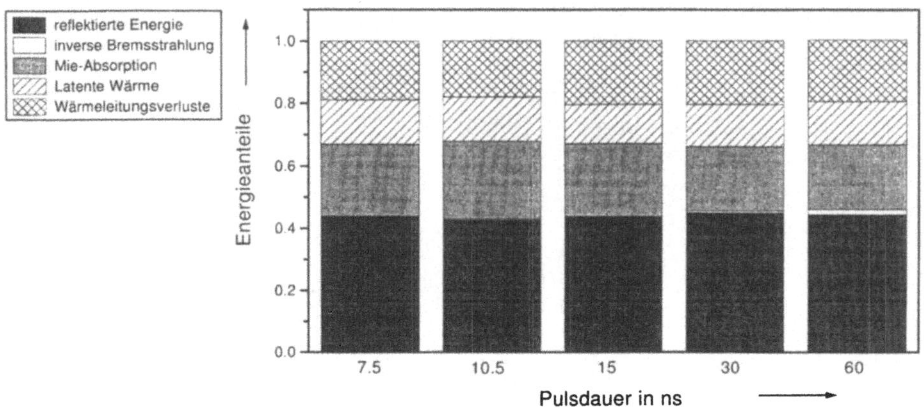

Abb. 6.9.: Energieanteile beim Laserabtragen von Aluminium mit einer dünnen Oxidschicht mit einer Intensität von $2 \cdot 10^9$ W/cm^2 für verschiedene Pulslängen bei 1 *bar* Stickstoffatmosphäre und der Wellenlänge von 248 *nm*.

kleiner sind als bei längeren Pulsen.

6.1.4. Variation der Laserwellenlänge

Wie bereits diskutiert wurde, prägen die optischen Konstanten, die wiederum von der Laserwellenlänge abhängen, sowohl den Absorptionsgrad im Werkstück als auch die Absorptionsmechanismen oberhalb der Werkstückoberfläche. Die in Abb. 6.10 dargestellten Zeitverläufe der Oberflächentemperaturen zeigen für die gewählten Parameter ein Verhalten, das im wesentlichen durch den Reflexionsgrad und weniger durch die oberhalb der Materialoberfläche auftretenden Wechselwirkungsmechanismen bestimmt wird. Für das hier betrachtete Material Aluminium mit einer dünnen Oxidschicht sinkt der Reflexionsgrad bei einer Wellenlänge von 248 *nm* auf 57% ab. Oberhalb von 400 *nm* liegt der Reflexionsgrad über 80%, wobei bei 750 *nm* ein lokales Minimum von 76% liegt [54]. Wie Abb. 6.11 zeigt, spiegelt sich dieses Verhalten in den Berechnungen der Abtragstiefe und der spezifischen Volumina wieder. Je höher der Reflexionsgrad ist, desto kleiner ist die Abtragstiefe und die Oberflächentemperatur.

Abb. 6.12 verdeutlicht, daß für einen effektiven Einsatz der Laserstrahlung der Reflexionsgrad möglichst gering gehalten werden sollte. In diesem Fall ist die kurze Wellenlänge z.B. eines Excimerlasers von großem Vorteil. Dort kommt es zwar aufgrund des größeren Anteils von Energie im Werkstück zu höheren Wärmeleitungsverlusten und aufgrund der schnelleren Expansion zu einer höheren Mie–Absorption, aber die insgesamt abgetragene Masse ist trotzdem größer als bei längeren Wellenlängen. Werden die Verluste durch Wärmeleitung, Mie–Absorption und Reflexion aufsummiert, so sind diese sogar geringer als die Verluste allein durch Reflexion bei 1064 *nm*.

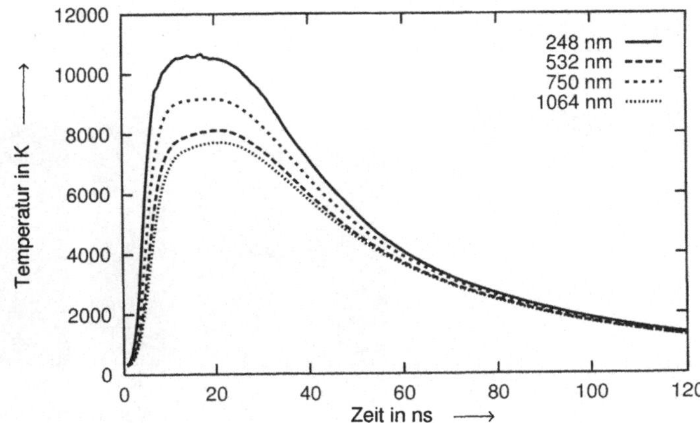

Abb. 6.10.: Zeitlicher Verlauf der Oberflächentemperatur mit der Wellenlänge als Parameter ($H = 40 \; J/cm^2$, Al, N_2, 1 bar).

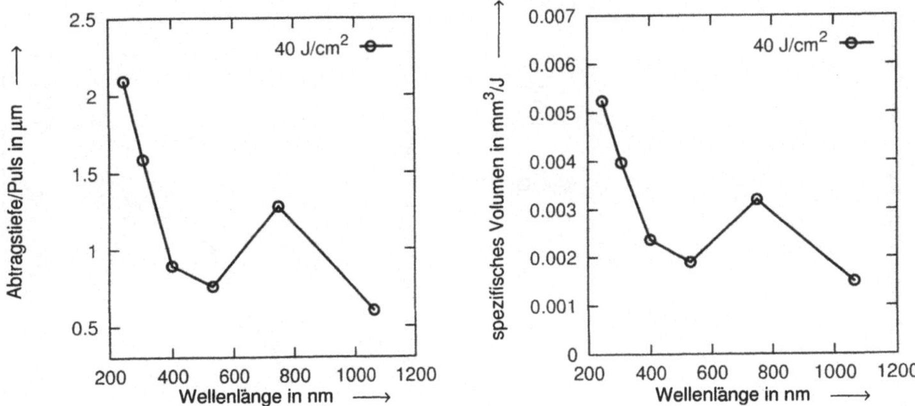

Abb. 6.11.: Die zu den in Abb. 6.10 präsentierten Oberflächentemperaturen gehörenden Abtragstiefen pro Puls (links) und spezifischen Volumina (rechts).

6.2. Einfluß des Umgebungsgases auf die Effektivität

6.2.1. Variation der Gasart

Wie bereits in Abschnitt 4.4.2 und 5.3.4 diskutiert wurde, hat die Gasart Einfluß auf die Ausbreitungsgeschwindigkeit der Stoßwelle und damit auch auf die Temperatur und die Clusterbildung im Dampf/ Plasmagemisch. Der Gasdruck wird in diesem Abschnitt mit 1 bar konstant gehalten. Für Energiedichten unterhalb von 60 J/cm^2 wird die berechnete Abtragstiefe und das berechnete spezifische Volumen durch die Art des Umgebungsgases nicht beeinflußt. Oberhalb von 60 J/cm^2 setzt zunächst bei Argon Abschirmung ein, ab

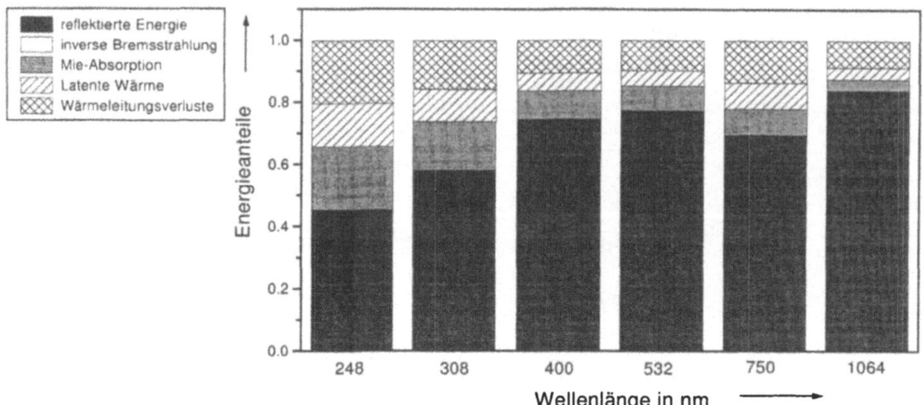

Abb. 6.12.: Energieanteile beim Laserabtragen von Aluminium mit einer dünnen Oxidschicht bei einer Energiedichte von 40 J/cm^2 für verschiedene Wellenlängen bei 1 *bar* Stickstoffatmosphäre.

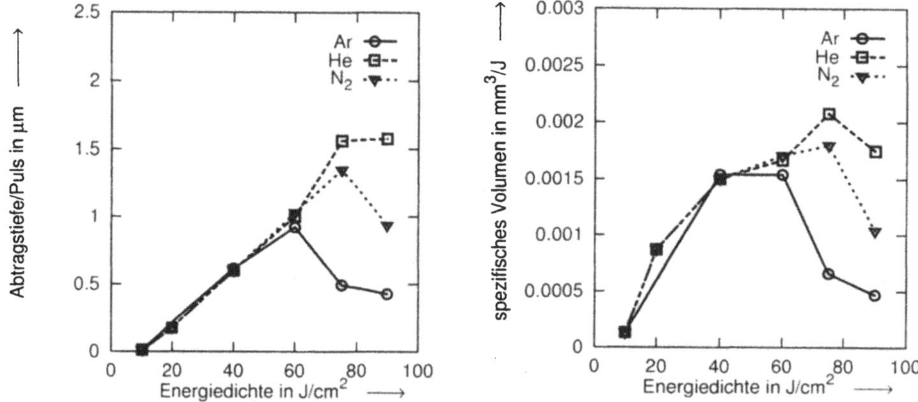

Abb. 6.13.: Abtragstiefe (links) und spezifisches Volumen (rechts) in Abhängigkeit von der Energiedichte für Aluminium mit einer dünnen Oxidschicht bei einer Wellenlängen von 1064 *nm* und verschiedenen Gasen bei 1 *bar*.

80 J/cm^2 bei Stickstoff und erst ab 90 J/cm^2 bei Helium. Die Wellenlänge 1064 *nm* wurde bewußt gewählt, da hierbei bei Argon die Abschirmung nach dem Einsetzen der inversen Bremsstrahlung besonders signifikant eintritt. Im Gegensatz zu den in Abb. 5.20 dargestellten Verhältnissen, bei denen sich bei 248 *nm* und $6,66 \cdot 10^8$ W/cm^2 bzw. 20 J/cm^2 bei Helium im Vergleich zu Argon eine stärkere Abschirmung einstellt, ist bei 1064 *nm* kaum ein Unterschied in den Abtragsraten bei Verwendung verschiedener Gase unterhalb von 60 J/cm^2 zu erkennen. Diese Ergebnisse decken sich qualitativ sowohl mit experimentellen Untersuchungen zum Abtragen mit Excimerlasern [24] als auch mit TEA–CO$_2$–Lasern [99]. Dort wird die niedrigste Abschirmung bei Verwendung von Helium als Umgebungsgas gemessen.

Wie bereits in Abschnitt 5.3.3 diskutiert wurde, ist auch hier der Beginn der Abschirmung auf das durch die Mie–Absorption induzierte Einsetzen der inversen Bremsstrahlung zurückzuführen. Obwohl bei Verwendung von Argon die geringste Mie–Absorption aufgrund des geringsten Kondensationsgrades berechnet wird, setzt die Abschirmung bei kleineren Intensitäten als bei Stickstoff und Helium ein. Argon führt im Gegensatz zu Stickstoff und Helium zu wesentlich höheren Temperaturen im Aluminiumdampf (siehe Kapitel 4.4.2) – deswegen auch der niedrige Kondensationsgrad –, so daß nur ein kleiner Betrag von der in der Wolke absorbierten Laserenergie genügt, um die Elektronendichte so zu vermehren, daß inverse Bremsstrahlung einsetzt.

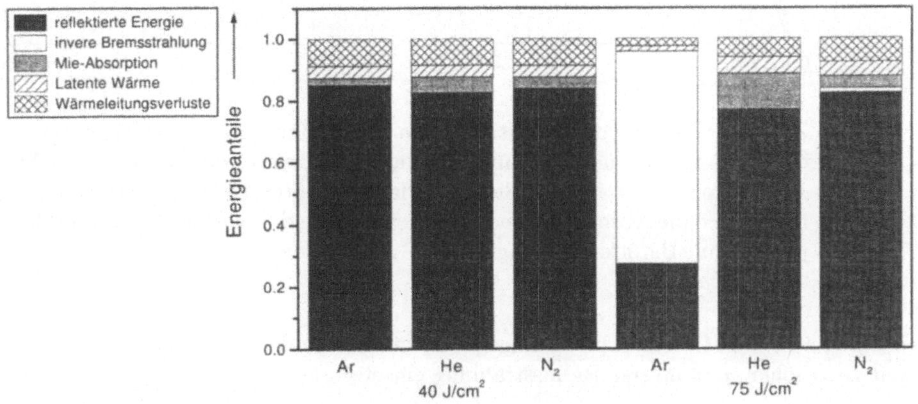

Abb. 6.14.: Energieanteile beim Laserabtragen von Aluminium mit einer dünnen Oxidschicht mit Energiedichten von 40 J/cm^2 und 75 J/cm^2 für 1064 nm und verschiedenen Umgebungsgasen bei 1 bar.

Abb. 6.14 verdeutlicht, daß im abschirmenden Bereich beim Abtragen unter Argonatmosphäre die inverse Bremsstrahlung den größten Anteil an der Absorption ausmacht. Die Mie–Absorption ist dabei vernachlässigbar, da die Dampftemperatur auf Werte ansteigt, die zur Untersättigung des Dampfes führen. Bei Verwendung von Helium und Stickstoff dominiert auch noch bei 75 J/cm^2 die Mie–Absorption. Bei 40 J/cm^2 ist der effektivitätsbegrenzende Faktor der hohe Reflexionsgrad bei 1064 nm.

6.2.2. Variation des Druckes

Ein Umgebungsdruck von 100 $mbar$ bei Stickstoff führt zu einer schnelleren Expansion als bei 1 bar bzw. 5 bar. Die schnellere Ausbreitung liefert im Dampf eine höhere Übersättigung und damit kleinere Clusterradien und höhere Kondensationsgrade. Der Kondensationsgrad bestimmt die Mie–Absorption, so daß, wie in Abb. 6.15 für $\lambda = 1064nm$ dargestellt, in diesem Fall eine stärkere Extinktion berechnet wird als bei 5 bar. Die in der Dampf/ Plasmawolke absorbierte Energiemenge führt zu einer Temperaturerhöhung des Dampfes, so daß die inverse Bremsstrahlung nach 27 ns einsetzt und eine vollständige Abschirmung der Materialoberfläche von der noch einfallenden Laserstrahlung verursacht.

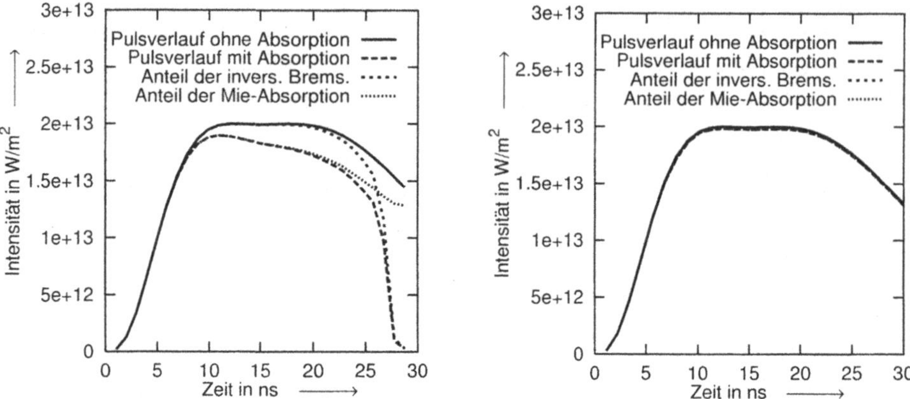

Abb. 6.15.: Zeitlicher Verlauf der Intensitäten an der Materialoberfläche ohne Absorption und mit Berücksichtigung der inversen Bremsstrahlung und der Mie-
Absorption (links) und zeitlicher Verlauf der Intensitäten an der Materialoberfläche ohne Absorption und Berücksichtigung der inversen Bremsstrahlung,
jedoch ohne Berücksichtigung der Mie–Absorption (rechts) für 100 *mbar*, rechte für 5 *bar*.

Bei 5 *bar* reicht die Mie–Absorption hingegen nicht aus, um die Temperatur des Dampfes
soweit zu erhöhen, daß inverse Bremsstrahlung einsetzen kann.

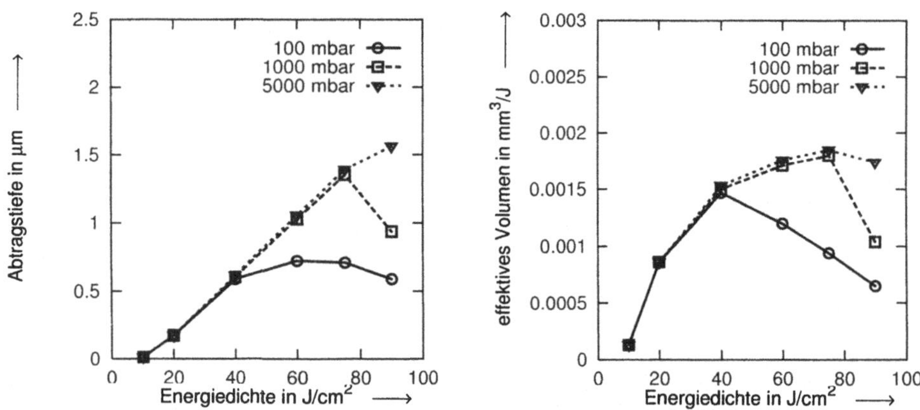

Abb. 6.16.: Abtragstiefe und effektiv abgetragenes Volumen in Abhängigkeit von der
Energiedichte für Aluminium mit einer dünnen Oxidschicht in Stickstoffatmosphäre bei einer Wellenlängen von 1064 *nm* und dem Umgebungsgasdruck
als Parameter.

Nach diesen Berechnungen ist also für höhere Energiedichten die Bearbeitung bei höher-
en Drücken effektiver. Abb. 6.16 zeigt die Abtragstiefe und das spezifische Volumen. Bis
40 J/cm^2 zeigt sich keine Abhängigkeit vom Druck, danach berechnet sich für 100 *mbar*
eine deutliche Reduzierung der Effektivität. Erst oberhalb von 80 J/cm^2 kommt es bei

Drücken von 1 *bar* bzw. 5 *bar* zur Abschirmung. Im Gegensatz zu Berechnungen des Abtrages pro Puls, bei denen nicht die Mie–Absorption sondern nur die inverse Bremsstrahlung berücksichtigt wurde [100], ist hier eine Druckabhängigkeit der Effektivität festzustellen.

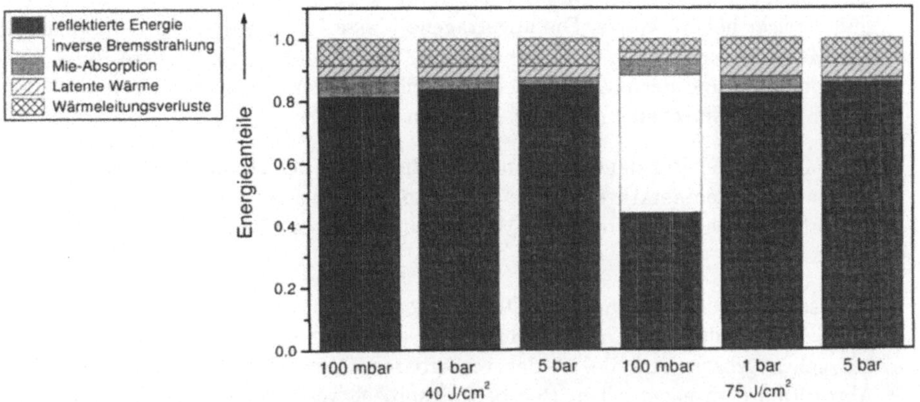

Abb. 6.17.: Energieanteile beim Laserabtragen von Aluminium mit einer dünnen Oxidschicht in Stickstoffatmosphäre bei Energiedichten von 40 J/cm^2 und 75 J/cm^2 für 1064 nm und verschiedene Umgebungsgasdrücke.

Auch für die Variation des Umgebungsdruckes gilt, daß unterhalb der Grenze, an der die abschirmenden Mechanismen wirken, die Reflexion der Strahlung an der Probenoberfläche der maßgebende Verlustfaktor ist (siehe Abb. 6.17). Für 40 J/cm^2 wird einfallende Strahlung ausschließlich durch Mie–Absorption abgeschirmt, während bei 75 J/cm^2 und einem Umgebungsdruck von 100 $mbar$ die Absorption aufgrund der inversen Bremsstrahlung die Effektivität des Bearbeitungsprozesses begrenzt.

6.3. Synopsis

In diesem Kapitel wurden die Energieflüsse beim Abtragen mit Kurzpulslasern untersucht. Damit konnten die wesentlichen Faktoren, die das Laserabtragen hinsichtlich der Effektivität nachteilig beeinflussen, ermittelt werden. Dies gilt natürlich nur für die im Rahmen der im Modell getroffenen Voraussetzungen.

- Bei konstanter Pulsdauer und steigender Energiedichte wächst der Anteil der absorbierten Energie im Dampf/ Plasmagemisch. Der Absorptionsmechanismus ist dabei zunächst die Mie–Absorption.

- Für Parameter, bei denen über die Mie–Absorption keine inverse Bremsstrahlung initiiert werden kann, da die Erwärmung des Dampf/ Plasmagemisches nicht ausreicht, wird der größte Teil der auf eine ebene Oberfläche einfallenden Laserpulsenergie von dieser reflektiert. Die einfachste Erhöhung der Bearbeitungseffektivität ergibt sich durch die Wahl einer Wellenlänge, bei der der Reflexionsgrad niedrig ist (der Grad der Energieeinkopplung kann allerdings bei tieferen Strukturen auch durch Ausnutzung der Vielfachreflexion gesteigert werden, siehe dazu Abschnitt 3.1).

- Die Verkürzung der Pulsdauer bei konstanter Pulsenergie führt zu einem Ansteigen der Pulsspitzenintensität. Dadurch steigt die Oberflächentemperatur schneller an und erreicht höhere Werte. Die abgetragene Masse bleibt jedoch in etwa gleich, da das Material auch wieder schneller abkühlt. Der Prozeß ist für längere Pulse effektiver, da aufgrund der niedrigeren Dampftemperaturen die inverse Bremsstrahlung als Absorptionsmechanismus nicht einsetzen kann.

- Die Variation der Pulsdauer bei konstanter Intensität liefert nahezu gleiche maximale Oberflächentemperaturen. Eine Verkürzung der Pulsdauer erhöht die Effektivität geringfügig, wobei sich ein lokales Minium aufgrund gegenläufiger Mechanismen einstellt.

- Eine schnellere Ausbreitung der Stoßwelle durch Wahl von leichteren Umgebungsgasen bzw. niedrigeren Drücken verursacht einen höheren Kondensationsgrad. Daher gehen größere Anteile an der verfügbaren Laserpulsenergie, die durch Mie–Absorption dem eigentlichen Bearbeitungsprozeß verloren. Ist der Absorptionskoeffizient durch Mie–Absorption und die eingestrahlte Laserintensität hoch genug, so daß im Dampf/ Plasmagemisch ausreichend Elektronen zur Einleitung der inversen Bremsstrahlung erzeugt werden, dann kommt es zur vollständigen Abschirmung der Materialoberfläche, und der effektivitätsbegrenzende Faktor ist nicht mehr die Reflektivität sondern die Extinktion in der Wolke.

7. Zusammenfassung und Ausblick

Die Modellierung des Abtragens von Metallen mit Kurzpulslasern zielt einerseits darauf ab, für die fertigungstechnische Anwendung eines Lasersystems geeignete Prozeßfenster zu definieren. Andererseits ermöglicht die Simulation die Untersuchung physikalischer Einflußfaktoren, so daß damit auch Beiträge zu einem vollständigen Verständnis des Laserabtragsprozesses geliefert werden. In der hier vorliegenden Arbeit wird insbesondere der Mechansimus der Kondensation von Metallclustern in der expandierenden Materialdampfwolke und dessen Auswirkung auf die Extinktion der einfallenden Laserstrahlung diskutiert.

Der auf die Werkstückoberfläche einfallende Laserstrahl führt zu einem schnellen Anstieg der Oberflächentemperatur. Das Material verdampft schlagartig und strömt in die umgebende Atmosphäre. Die schnelle Expansion kühlt den Dampf und verursacht eine Übersättigung, so daß daraus resultierend eine fortschreitende Bildung von Clustern einsetzt. Hierbei wird zwischen zwei Stadien unterschieden. Zu Beginn kommt es in der metastabilen Phase des übersättigten Dampfes aufgrund von Mehrfachstößen der Atome untereinander zur statistischen Bildung von Kondensationskeimen, dem Ausgangspunkt von Clustern. Durch weitere Cluster–Atom Stöße, die das Nukleonisationstadium charakterisieren, können die Cluster weiter wachsen, falls deren Abmessungen sich im unterkritischen Bereich befinden. Im weiteren Verlauf steigt der Kondensationsgrad soweit, so daß das Wachstum der Cluster wahrscheinlicher durch Cluster–Cluster Stöße erfolgt. In diesem Stadium der Koaleszenz vergrößern sich die Clusterradien dadurch, daß größere Cluster kleinere absorbieren. Die Ergebnisse der Simulationsrechnungen zeigten, daß jede Parametervariation, die zu einer Temperaturerhöhung in der Dampfwolke führt, größere Clusterradien und kleinere Kondensationsgrade verursacht.

Die Integration der Mie–Theorie in den Programmcode ermöglicht, über die Berechnung der Clustergröße und der Anzahl der Cluster hinaus, die Extinktion der einfallenden Strahlung aufgrund von Streuung und Absorption zu bestimmen. Dabei ist die Mie–Streuung gegenüber der Mie–Absorption zu vernachlässigen. Die Mie–Absorption führt jedoch zu einer signifikanten Abschirmung der Werkstückoberfläche von der einfallenden Laserstrahlung. Die Modellrechnungen zeigen, daß die Strahlung zunächst von den Clustern absorbiert wird, so daß sich deren Temperatur gegenüber der im umgebenden Dampf herrschenden Temperatur erhöht. Durch Stöße findet ein Ausgleich statt, so daß letztendlich der Dampf aufgrund der Mie–Absorption geheizt wird. Die im Rahmen dieser Arbeit durchgeführten Simulationsrechnungen zeigen nun einerseits, daß die Temperaturerhöhung zu einer Steigerung der Elektronendichte führt, so daß je nach gewähltem Parametersatz ein Einsetzen der inversen Bremsstrahlung stattfindet, andererseits daß die Temperaturerhöhung zu einer Untersättigung im Dampf führt, so daß sich die Cluster wieder auflösen.

Die Ergebnisse dieser Untersuchung führten des weiteren zu einem tieferen Verständnis der Energieflüsse. So kann weder die Mie–Absorption noch die inverse Bremsstrahlung alleine verantwortlich dafür sein, daß eine Extinktion beim Laserabtragen mit Wellenlängen zwischen 200 nm und 1000 nm auftritt, sondern vielmehr ist die Kombination mindestens der beiden hier untersuchten Mechanismen dafür verantwortlich.

Der Einfluß der Mie–Absorption wächst mit abnehmender Wellenlänge, jedoch genügt bei längeren Wellenlängen (aufgrund der λ^2–Abhängigkeit) schon ein weniger starkes Aufheizen des Dampfs durch Mie–Absorption, um inverse Bremsstrahlung einzuleiten. Unterhalb dieser Schwelle wird die Effektivität des Prozesses im wesentlichen durch den Reflexionsgrad des Werkstoffs bestimmt, so daß die Effektivität beispielsweise bei der Bearbeitung von Aluminium dadurch gesteigert werden kann, daß UV–Laserstrahlquellen verwendet werden.

Daß die Reflexion den Einkoppelgrad der Laserstrahlung jedoch auch erhöhen kann, zeigen Rechnungen mit einem dreidimensionalen Abtragsmodell. Mit Hilfe des Modells konnte der Einfluß der Vielfachreflexion an den Wänden des Abtrags auf die Abtragsrate und Abtragsgeometrie untersucht werden. Die auf die Wand einfallende Strahlung wird, falls die Wand steil genug ist, auf den Abtragsboden reflektiert, wo sie zuzüglich zur direkt auf die Stelle einfallenden Laserstrahlung zum Abtrag beiträgt. Diese Energieanteile führen jedoch dazu, daß es trotz einer homogenen Strahlverteilung auf der Probenoberfläche zu lokalen Aufwölbungen und Vertiefungen am Abtragsboden kommt, da die reflektierte Strahlung sich nicht gleichmäßig über den Abtragsboden verteilt. Insbesondere fallen beim Excimerlaserabtragen die Strahlen unter sehr großen Winkeln zur Oberflächennormalen auf die Wand ein, so daß sie verstärkt auf den Rand des Abtragsbodens reflektiert werden und dort Vertiefungen verursachen. Beim Abtragen mit Lasern, die eine gaußsche Strahlverteilung haben, führt dieser Effekt zur Ausbildung einer Bohrkapillare. Entscheidender Faktor für die Vielfachreflexion ist der Auftreffwinkel auf die Abtragswand, der durch das Strahlprofil, den Divergenzwinkel und die Abtragstiefe bestimmt wird.

Die hier vorgestellten Modelle erheben keinen Anspruch auf die vollständige Berücksichtigung aller bekannter, beim Abtragen auftretenden Mechansimen. So werden weitere Extinktionsmechanismen, wie z.B. die Photoionisation aus thermisch angeregten atomaren Zuständen oder die Multiphotonenionisation, nicht betrachtet. Des weiteren sind Nichtgleichgewichtseffekte im Material und im Dampf sowie weitere physikalische Gegebenheiten, wie z.B. die Vorgänge beim Auftreten der kritischen Temperatur, unberücksichtigt, was die Verwendung dieser Modelle nur für bestimmte Parameterfelder zuläßt.

Dennoch konnte mit diesen Modellen nachgewiesen werden, daß die Vielfachreflexion die gewünschte Abtragsgeometrie beeinflußt und daß für die hier untersuchten Wellenlängen die Oberflächentemperatur alleine nicht ausreichend ist, genügen freie Elektronen für das Zünden der inversen Bremsstrahlung zu erzeugen. Vielmehr muß der "Umweg" über weitere Mechanismen vollzogen werden. Diese Energieflüsse und effektivitätsbegrenzende Faktoren können mit dem Modell identifiziert werden.

8. Literatur

[1] ANISIMOV, S.I.: *Vaporization of metal absorbing laser radiation.* Sov. Phys. JETP **27**,1 (1968), S.182–183.

[2] ANISIMOV, S.I.; RAKHMATULINA, A.KH.: *The dynamics of the expansion of a vapor when evaporated into a vacuum.* Sov. Phys. JETP **37**,3 (1973), S.441–444.

[3] PROKHOROV, A.M.; BATANOV, V.A.; BUNKIN, F.V.; FEDOROV, V.B.: *Metal evaporation under powerful optical radiation.* IEEE J. of Quantum Electronics **9**,5 (1973), S.503–509.

[4] KNIGHT, C.J.: *Theoretical modeling of rapid surface vaporization with back pressure.* AIAA Journal **17**,5 (1979), S.519–523.

[5] MILLER, J.C.: *Laser Ablation – Principles and Applications.* Springer Verlag, Berlin, 1994.

[6] CHAN, C.L.; MAZUMDER, J.: *One–dimensional steady–state model for damage by vaporization and liquid expulsion due to laser–material interaction.* J. Appl. Phys. **62**,11 (1987), S.4579–4586.

[7] ADEN, M.; BEYER, E.; HERZIGER, G.: *Laser–induced vaporisation of metal as a Riemann problem.* J. Phys. D: Appl. Phys. **23** (1990), S.655–661.

[8] ADEN, M.; BEYER, E.; HERZIGER, G.; KUNZE, H.: *Laser–induced vaporisation of a metal surface.* J. Phys. D: Appl. Phys. **25** (1992), S.57–65.

[9] SMUROV, I.; AKSENOV, L.; FLAMANT G.: *Melt removal in pulsed laser action of millisecond range.* In: Proc. of the Laser Materials Processing Symposium ICALEO'93, Orlando (FI): Laser Institute of America (LIA) **77** (1993), S.242–249.

[10] LUK'YANCHUK, B.; BITYURIN, N.; ANISIMOV, S.; BÄUERLE, D.: *The role of excited species in UV–laser materials ablation, Part I. Photophysical ablation of organic polymers.* Appl. Phys. A **57** (1993), S.367–374.

[11] LUK'YANCHUK, B.; BITYURIN, N.; ANISIMOV, S.; BÄUERLE, D.: *The role of excited species in UV–laser materials ablation, Part II. The stability of the ablation front.* Appl. Phys. A **57** (1993), S.449–455.

[12] MAZHUKIN, V.I.; SAMARSKII: *Mathematical modeling in the technology of laser treatments of materials.* Surv. Math. Ind. **4** (1994), S.85.

[13] QIU, T.Q.; TIEN, C.L.: *Heat transfer mechanisms during short–pulse laser heating of metals.* J. of Heat Transfer **115** (1993), S. 835.

[14] KÖRNER, C.; BERGMANN, H.W.: *Thermal and mechanical aspects in short pulse laser interaction with metals.* In: Proc. of the 6th European Conference on Laser Treatment of Materials ECLAT'96, eds.: F. Dausinger, H.W. Bergmann, J. Sigel (1996), S.585.

[15] HÜTTNER, B.; ROHR, G.C.: *An extended two temperature model – a new approach for the laser metal interaction.* In: Proc. of the 6th European Conference on Laser Treatment of Materials ECLAT'96, eds.: F. Dausinger, H.W. Bergmann, J. Sigel (1996), S.595.

[16] KELLY, R.; MIOTELLO, A.: *Comments on explosive mechanisms of laser sputtering.* Appl. Surf. Science **96–98** (1996), S.205–215.

[17] ZEL'DOVICH, YA.B.; RAIZER, YU.P.: *Physics of shock waves and high–temperature hydrodynamic phenomena.* Band I, Academic Press, New York, San Francisco, London, 1996.

[18] ADEN, M.; KREUTZ, E.W; VOSS, A.: *Laser–induced plasma formation during pulsed laser deposition.* J. Phys. D: Appl. Phys. **26** (1993), S.1545–1553.

[19] POPRAWE, R.: *Materialabtragung und Plasmaformation im Strahlungsfeld von UV–Lasern.* Technische Hochschule Darmstadt, Dissertation, 1984.

[20] SRINIVASAN, R.; BRAREN, B.: *Ultraviolett laser ablation of organic polymers.* Chem. Rev. **89** (1989), S.1303.

[21] BÜTJE, R.: *Abtragen von Metallen mit Excimer–Lasern als Verfahren zur Mikrobearbeitung.* VDI–Verlag GmbH, Düsseldorf, 1992.

[22] WILLIAMS, S.W.; MARSDEN, P.J.; ROBERTS, N.C.; SIDHU, J.; VENABLES, M.A.: *Excimer laser beam shaping and material processing using diffractive optics.* In: Proc. of the 11th International Symposium on Gas Flow and Chemical Lasers GCL/HPL'96, Edinburgh, UK, eds.: D.R. Hall und H.J. Baker, SPIE **3092** (1997), S.431–434.

[23] MÜLLER, M.: *Modellierung des Abtrags von dünnen Metallschichten auf Substraten mit geringer Wärmeleitfähigkeit.* Universität Stuttgart, Studienarbeit, IFSW 97–5, 1997.

[24] ARNOLD, J.M.: *Abtragen metallischer und keramischer Werkstoffe mit Excimerlasern.* Universität Stuttgart, Dissertation. In: Laser in der Materialbearbeitung, Forschungsberichte des IFSW. B.G. Teubner Verlag, Stuttgart, 1994.

[25] SCHITTENHELM, H.; CALLIES, G.; BERGER, P.; HÜGEL, H. *Investigations of extinction coefficients during excimer laser ablation and their interpretation in terms of Rayleigh scattering.* J. Phys. D: Appl. Phys. **29** (1996), S.1564–1575.

[26] CALLIES, G.; SCHITTENHELM, H.; DAUSINGER, F.; BERGER, P.; HÜGEL, H.: *Time resolved diagnostics of energy–coupling during material processing with excimer lasers.* In: Proc. of the EUROPTO'94, Frankfurt, eds.: R.–J. Ahlers, P. Hoffmann, H. Lindl, R. Rothe, SPIE **2246** (1994), S.126–135.

[27] SEDOV, L.I.: *Similarity and dimensional methods in mechanics.* Cleaver Hume Press, London, 1959.

[28] CALLIES, G.; BERGER, P.; HÜGEL, H.: *Time–resolved observation of gas–dynamic discontinuities arising during excimer laser ablation and their interpretation.* J. Phys. D: Appl. Phys. **28** (1995), S.794–806.

[29] EMMINGER, H.: *Experimentelle Bestimmung des reflektierten Energieanteils beim Excimerlaserabtragen mittels Ulbrichtkugel.* Universität Stuttgart, Studienarbeit, IFSW 96–43, 1996.

[30] KÜPER, S.; BRANNON, J.: *Ambient gas effects on debris formed during KrF laser ablation of polyimide.* Appl. Phys. Lett. **60**,13 (1992), S.1633.

[31] TÖNSHOFF, H.K.; HESSE, D.; GONSCHOIR, M.: *Microstructuring with excimer lasers and reduction of deposited ablation products using a special gas nozzle with vacuum system:* In: Proc. of the Laser Materials Processing Symposium ICALEO'94. Orlando (FI): Laser Institute of America (LIA) **79** (1994), S.333.

[32] CALLIES, G.; BERGER, P.; KÄSTLE, J.; HÜGEL, H.: *Excimer–laser induced shock waves in the presence of external gas flows.* In: Proc. of the 10th International Symposium on Gas Flow and Chemical Lasers GCL'94, Friedrichshafen, eds.: W.L. Bohn, H. Hügel, SPIE **2502** (1995), S.706–711.

[33] MATSUNAWA, A.; YOSHIDA, H.; KATAYAMA, S.: *Beam–plume interaction in pulsed YAG–laser processing.* In: Proc. of the Laser Materials Processing Symposium ICALEO'84, Orlando (FI): Laser Institute of America (LIA) (1984), S.35.

[34] MIYAMOTO, I.; MAEDA, A.; MARUO, H.: *Extremely efficient production of ultra–fine particles in excimer laser ablation.* In: Proc. of the Laser Materials Processing Symposium ICALEO'94, Orlando (FI): Laser Institute of America (LIA) **79** (1994), S.249.

[35] EGGINS, S.M.; KINSLEY, L.K.; SHELLEY, J.M.: *Deposition and element fractionation processes occuring during atmospheric pressure laser sampling for analysis by ICPMS.* Appl. Surf. Sci., wird im März 1998 veröffentlicht.

[36] MODEST, M.F.; ABAKIANS, H.: *Heat conduction in a moving semi–infinite solid subjected to pulse laser irradiation.* J. Heat Transfer **108** (1986), S.597.

[37] RAMANATHAN, S.; MODEST, M.F.: *CW laser drilling of composite ceramics.* In: Proc. of the Laser Materials Processing Symposium ICALEO'91, San Jose (CA): Laser Institute of America (LIA) **75** (1992), S.305.

[38] RAMANATHAN, S.; MODEST, M.F.: *CW laser cutting of composite ceramics.* In: Proc. of the Laser advanced materials processing LAMP'92, Nagaoka: (1992), S.625.

[39] ROY, S.; MODEST, M.F.: *Three–dimensional conduction effects during evaporative scribing with a cw laser.* J. Thermoph. Heat Transfer **4** (1990), S.199.

[40] BANG, S.Y.; MODEST, M.F.: *Multiple reflection effects on evaporative cutting with a moving cw laser.* J. Heat Transfer **113**,3 (1991), S.663.

[41] DINIZ NETO, O.O.; LIMA, C.A.S.: *Nonlinear three–dimensional temperature profiles in pulsed laser heated solids.* J. Phys. D: Appl. Phys. **27** (1994), S.1795–1804.

[42] LAX, M.: *Temperature rise induced by a laser beam.* J. of Appl. Phys. **48**,9 (1977), S.3919.

[43] LAX, M.: *Temperature rise induced by a laser beam II. The nonlinear case.* Appl. Phys. Lett. **33**,8 (1978), S.786.

[44] MODEST, M.F.; RAMANATHAN, S.; RAIBER, A.; ANGSTENBERGER, B.: *Laser machining of ablating materials – overlapped grooves and entrance/exit effects.* In: Proc. of the Laser Materials Processing Symposium ICALEO'94, Orlando (FI): Laser Institute of America (LIA) **79** (1994) S.303.

[45] CALLIES, G.; SCHITTENHELM, H.; BERGER, P.; HÜGEL, H.: *Simulation des Laser-abtragens mit 3D–Wärmeleitungsmodell.* In: Proc. of the 6th European Conference

on Laser Treatment of Materials (ECLAT), eds.: F. Dausinger, H.W. Bergmann, J. Sigel (1996), S.613.

[46] CALLIES, G.; SCHITTENHELM, H.; BERGER, P.; HÜGEL, H.: *Modeling and simulation of short pulse laser ablation with feeding speed*. In: Proc. of the second Laser Assisted Net Shape Engineering LANE'97, Erlangen, eds.: M. Geiger, F. Vollertsen (1997), S.825.

[47] MAZHUKIN, V.I.; SMUROV, I.; FLAMANT, G.: *Overheated metastable states in pulsed laser action on ceramics*. J. Appl. Phys. **78**,2 (1995), S.1259–1270.

[48] MATTHIAS, E.; REICHLING, M.; SIEGEL, J.; KÄDING, O.W.; PETZOLDT, S.; SKURK, H.; BIZENBERGER, P.; NESKE, E.: *The influence of thermal diffusion on laser ablation of metal films*. Appl. Phys. A **58** (1994), S.129–136.

[49] SCHEURICH, J.: *Schmelzbadbewegung von Metallen bei Excimerlaserbeschuß*. Universität Stuttgart, Diplomarbeit, IFSW 94–16, 1994.

[50] MODEST, M.F.: *TRANS3D - Laser machining of ablating/decomposing materials - a transient, three-dimensional computer code using boundary-fitted coordinates*. Users's Manual, Institut für Strahlwerkzeuge, 1994, (unveröffentlicht).

[51] MODEST, M.F.: *Radiative heat transfer*. McGraw–Hill, Inc. New York, 1993.

[52] DAUSINGER, F.: *Strahlwerkzeug Laser: Energieeinkopplung und Prozeßeffektivität*. Universität Stuttgart, Habilitationsschrift. In: Laser in der Materialbearbeitung, Forschungsberichte des IFSW. B.G. Teubner Verlag, Stuttgart, 1995.

[53] MAYERHOFER, R.: *Mikromaterialbearbeitung mit Kupferdampflasern*. Universität Erlangen–Nürnberg, Dissertation, 1997.

[54] VAN HORN, K.R.: *Aluminum Vol. I: Properties, physical metallurgy and phase diagrams*. American Society for Metals, Ohio.

[55] SCHMIDT, J.: *Kombination von Vorschub und Maskengeometrie zur Fertigung von dreidimensionalen Strukturen mit einem Excimerlaser*. Universität Stuttgart, Große Studienarbeit, IFSW 94–51, 1995.

[56] REBHAN, T.: *Beitrag zur Mikromaterialbearbeitung mit Excimerlasern – Systemkomponenten und Verfahrensoptimierung*. Universität Erlangen–Nürnberg, Dissertation. In: Reihe Fertigungstechnik Erlangen. Meisenbach Verlag, Bamberg, 1996.

[57] UNVERDI, S.O.; TRYGGVASON, G.: *A front-tracking method for viscous, incompressible, multi-fluid flows*. J. of Computational Phys. **100** (1992), S.25–37.

[58] LAFAURIE, B.; NARDONE, C.; SCARDOVELLI, R.; ZALESKI, S.; ZANETTI, G.: *Modelling merging and fragmentation in multiphase flows with SURFER*. J. of Computational Phys. **113** (1994), S.134–147.

[59] BERGMANN; SCHÄFER: *Lehrbuch der Experimentalphysik,* Band IV Teil 2, Walter de Gruyter, Berlin, New York, 1980.

[60] HAKEN, H.; WOLF, H.C.: *Molekülphysik und Quantenchemie*. Springer Verlag, Berlin, 1992.

[61] ADEN, M.: *Plasmadynamik beim laserinduzierten Verdampfungsprozeß einer ebenen Metalloberfläche* RWTH Aachen, Dissertation, Shaker Verlag, Aachen, 1994.

[62] CROUT, D.: *An application of kinetic theory to the problem of evaporation and sublimation of monoatomic gases.* J. Math. Phys. **15** (1936), S.1–54.

[63] HOLZWARTH, A.: *Ausbreitung und Dämpfung von Stoßwellen in Excimerlasern.* Universität Stuttgart, Dissertation. In: Laser in der Materialbearbeitung, Forschungsberichte des IFSW. B.G. Teubner Verlag Stuttgart, 1994.

[64] BERGER, P.; HOLZWARTH, A.: *Grundlegende wissenschaftliche Untersuchungen zur Dämpfung von Dichtestörungen in Excimerlasern hoher Leistung.* Abschlußbericht zum EUREKA–Verbundprojekt: EUROLASER: "High Power Excimer Lasers" (EU205) Phase II, Förderkennzeichen: 13 EU 00810. Stuttgart: Institut für Strahlwerkzeuge (IFSW), Universität Stuttgart, IFSW 93-28, 1993.

[65] JACOBY, H.: *Entwicklung eines theoretischen Modells zur Beschreibung der Wechselwirkung zwischen elektrischer Entladung und Überschallströmung eines gepulsten CO–Lasers.* Universität Stuttgart, Dissertation, 1984.

[66] COURANT, R.; FRIEDRICHS, K.; LEWY, H.: *Über die partiellen Differenzengleichungen der Mathematischen Physik.* Mathematische Annalen **100** (1928), S. 32–74.

[67] PIRRI, N.: *Theory of momentum transfer to a surface with a high–power laser.* The physics of fluids **16**,9 (1973), S.1435.

[68] KÄSTLE, J.: *Einfluß eines Querjets auf die laserinduzierten gasdynamischen Vorgänge beim Abtragen mit einem Excimerlaser* Universität Stuttgart, Diplomarbeit, IFSW 94-19, 1995.

[69] SCHITTENHELM, H.; CALLIES, G.; BERGER, P.; HÜGEL, H.: *Two wavelengths interferometry of excimer laser induced vapour/plasma plumes during the laser pulse.* Zur Veröffentlichung in Appl. Surf. Sci. eingereicht.

[70] CALLIES, G.; SCHITTENHELM, H.; BERGER, P.; HÜGEL, H.: *Clusterwachstum in Plasma/ Dampf-Wolken beim Abtragen mit Kurzpulslasern.* In: Verhandlungen der DPG (VI) **32**, K 5.6 (1997) (Frühjahrstagung Mainz 3.-6.3.1997), S.219.

[71] LANDAU, L.D.; LIFSCHITZ, E.M. *Lehrbuch der theoretischen Physik: Hydrodynamik* Band VI, Akademie Verlag GmbH, Berlin, 1991.

[72] CALLIES, G.: *Experimentelle Untersuchungen der physikalischen Wechselwirkung zwischen Material und Laserstrahl beim Abtragen mit gepulsten Hochleistungslasern.* Universität Stuttgart, Diplomarbeit, IFSW 93–29, 1993.

[73] ADEN, M.; KREUTZ, E.W.; SCHLÜTER, H.; WISSENBACH, K.: *The applicability of the Sedov–Taylor scaling during material removal of metals and oxide layers with pulsed CO_2 and excimer laser radiation.* J. Phys. D: Appl. Phys **30** (1997), S.980–989.

[74] MULSER, P.; SIGEL, R.; WITKOWSKI, S. *Plasma production by laser.* Physics Reports (Section C of Physics Letters) **6**,3 (1973), S.187–239.

[75] GREINER, W.: *Theoretische Physik III: Klassische Elektrodynamik.* 4. Auflage, Verlag Harri Deutsch, Thun, Frankfurt, 1986.

[76] TANNENBAUM, B.S. *Plasma Physics.* McGraw–Hill, New York, 1967.

[77] SCHITTENHELM, H.; CALLIES, G.; STRAUB, A.; BERGER, P.; HÜGEL, H.: *Measurements on wavelength dependent transmission in excimer laser–induced plasma plumes and their interpretation* J. Phys. D: Appl. Phys, **31** (1998), S.418.

[78] KAR, A.; MAZUMDER, J. *Mathematical model for laser ablation to generate nano-scale and submicrometer-size particles.* Phys. Rev. E. **49**,1 (1994), S.410.

[79] LIFSHITZ, I.M.; SLYOZOV, V.V.: *The kinetics of precipitation from supersaturated solid solutions.* J. Phys. Chem. Solids **19**,1/2 (1961), S.35.

[80] FRENKEL, J.I.: *Kinetische Theorie der Flüssigkeiten.* VEB Verlag der Wissenschaften, Berlin, 1957.

[81] RAIZER, YU.P.: *Condensation of a cloud of vaporized matter expanding in vacuum.* Sov. Phys. JETP **37(10)**,6 (1960), S.1229–1235.

[82] LANDAU, L.D.; LIFSCHITZ, E.M. *Lehrbuch der theoretischen Physik: Physikalische Kinetik* Band X, Akademie Verlag, Berlin, 1986

[83] CALLIES, G.; SCHITTENHELM, H. BERGER, P.; HÜGEL, H.: *Modeling of cluster generation in excimer laser induced plasma/ vapour plumes.* Zur Veröffentlichung in Thermophysics and Aeronautics eingereicht.

[84] CALLIES, G.; SCHITTENHELM, H.; BERGER, P.; HÜGEL, H.: *Modeling of the expansion of laser evaporated matter in argon, helium and nitrogen and the influence on condensation of clusters.* Zur Veröffentlichung in Appl. Surf. Sci. eingereicht.

[85] KREIBIG, U.: *Electronic properties of small silver particles: the optical constants and their temperature dependence.* J. Phys. F: Metal Phys. **4** (1974), S.999–1014.

[86] DOREMUS, R.H.: *Optical properties of small silver particles.* The J. of Chem. Phys. **42**,1 (1965), S.414–417.

[87] EVERSOLE, J.D., BROIDA, H.P.: *Size and shape effects in light scattering from small silver, copper, and gold particles.* Phys. Rev. B **15**,4 (1977), S.1644–1655.

[88] HANSEN, F.; DULEY, W.W.: *Attenuation of laser radiation by particles during laser material processing.* J. of Laser Application **6** (1994), S.137–143.

[89] VAN DE HULST, H.C.: *Light scattering by small particles.* Dover publications, New York, 1981.

[90] BOHREN, C.; HUFFMANN, D.: *Absorption and scattering of light by small particles.* John Wiley & Sons, New York, 1983.

[91] STRAUB, A.: *Streumechanismen an laserinduzierten Materialdämpfen.* Universität Stuttgart, Diplomarbeit, IFSW 96–36, 1996.

[92] BÄUERLE, D.: *Laser processing and chemistry.* 2. Auflage, Springer Verlag, Berlin, 1996.

[93] MIYAMOTO, I.; OOIE, T.; HIROTA, Y.; MARUO, H.: *Mechanism of laser ablation - ablation process and debris formation.* In: Proc. of the Laser Materials Processing Symposium ICALEO'93, Orlando, (FI): Laser Institute of America (LIA) **77** (1993), S.1.

[94] WITKE, T.: *Optische Plasmaspektroskopie und Kurzzeituntersuchungen an gepulsten Laser-, Bogen- und Kanalfunkenplasmen.* Shaker Verlag, Aachen, 1996.

[95] BULGAKOV, A.V.; BULGAKOVA, N.M. MIGUNOV, S.A.: *Thermal and plasma absorption effects during 1064 nm laser ablation of solids.* Vortrag beim EUROMECH Colloqium 363, Mechnanics of Laser Ablation, 23.–26.6.1997, Novosibirsk, Rußland.

[96] BOLEY, C.D. *Computational model of drilling with high radiance pulsed lasers.* In: Proc. of the Laser Materials Processing Symposium ICALEO'94, Orlando (FI): Laser Institute of America (LIA) **79** (1994), S.499.

[97] WAIBEL, A.: *Adaption eines FD–Programmes zur Berechnung der laserinduzierten Gasdynamik und eines analytischen Stoßwellenmodells an ein 3D–Laserabtragsmodell.* Universität Stuttgart, Studienarbeit, IFSW 97–16, 1997.

[98] KÖRNER, C.: *Theoretische Untersuchungen zur Wechselwirkung von ultrakurzen Laserpulsen mit Metallen.* Universität Erlangen–Nürnberg, Dissertation, 1997.

[99] JASCHEK, R.: *Einfluß des Gasdrucks und Charakterisierung der Strahl–Stoff–Wechselwirkungen während der Oberflächen– und Randschichtbehandlung von Metallen mit TEA–CO_2–Laserstrahlung.* Universität Erlangen–Nürnberg, Dissertation, 1995.

[100] EMMINGER, H.: *Untersuchungen effizienzbegrenzender Mechanismen beim Bohren mit Kurzpulslasern.* Universität Stuttgart, Diplomarbeit, IFSW 97–27, 1997.

[101] SMITHELLS: *Metals reference book.* 6th Edition, ed. by E.A. Brandes, Butterwoth, London, 1983.

[102] LYNCH, D.W.; HUNTER, W.R.: *Comments on the optical constants of metals and an introduction to the data for several metals.* Handbook of optical constants of solids, Academic Press, 1985.

[103] SMITH, D.Y.; SHILES, E.; INOKUTI, M.: *The optical properties of metallic aluminum.* Handbook of optical constants of solids, Academic Press, 1985.

[104] WEAVER, J.H.; KRAFKA, C.; LYNCH, D.W.; KOCH, E.E.: *Optical Properties of Metals.* Physik Daten Physics Data, Fachinformationszentrum Energie, Physik Mathematih GmbH, Karlsruhe Nr. 18–1, 1981.

[105] D'ANS; LAX, E.: *Taschenbuch für Chemiker und Physiker Band I: Makroskopische physikalische–chemische Eigenschaften.* Springer Verlag, Berlin, Heidelberg, New York, 1967.

[106] GERTHSEN, KNESER, VOGEL: *Physik.* Springer Verlag, Berlin, Heidelberg, New York, 1986.

[107] KINDLER, H.: *Modellierung der Plasmaausbildung in der Dampfkapillare beim Lasertiefschweißen.* Universität Stuttgart, Diplomarbeit, IFSW 93–46, 1993.

[108] BECK, M.: *Modellierung des Lasertiefschweißens.* Universität Stuttgart, Dissertation. In: Laser in der Materialbearbeitung, Forschungsberichte des IFSW. B.G. Teubner Verlag Stuttgart, 1996.

[109] ROSE, S.J.: *Dense plasma physics.* In: Laser–plasma interactions 4, Proc. of the thirty–fifth Scottish Universities Summer School in Physics 1988, eds.: M.B., Hooper, M.B., Edinburgh University Press, gedruckt von Redwood Burn Ltd, Towbridge, 1989, S.171.

[110] DRAWIN, H.–W.; FELENBOK, P.: *Data for plasmas in local thermodynamic equilibrium.* Guthier–Villars, Paris, 1965.

[111] KITTEL: *Einführung in die Festkörperphysik.* R. Oldenbourg Verlag, München, 1988.

A. Anhang

A.1. Werkstoffeigenschaften

Im wesentlichen sind die Stoffeigenschaften aus [101] entnommen. Eine Temperaturabhängigkeit wurde nicht berücksichtigt, da die dafür notwendigen Daten nur im unzureichenden Maße vorhanden sind. Da während des Pulses in der Regel die Temperaturen an der Oberfläche oberhalb der Schmelztemperatur liegen, wurden Materialkennwerte, mit Ausnahme der optischen Konstanten für die Laserwellenlänge von 248 nm, für die flüssige Phase verwendet. In Tabelle A.1 sind die Kennwerte dargestellt, die aus [102,103,104] entnommen wurden.

Tabelle A.1.: Stoffeigenschaften der zur Modellierung herangezogenen Materialien.

Eigenschaften	Aluminium	Al mit Oxidschicht	Gold	Kupfer
n; k	0,19; 2,94	0,19; 0,61	1,22; 1,49	1,47; 1,78
R_λ	92%	57%	32%	37%
h_v in J/kg	$10,8 \cdot 10^6$	$10,8 \cdot 10^6$	$1,65 \cdot 10^6$	$4,77 \cdot 10^6$
λ in W/mK	94	94	104,4	165,6
c_v in J/kgK	1080	1080	149	495
R_{werk} in J/kgK	308	308	42	130
T_{eva} in K	2767	2767	3133	2839
ϱ_{liq} in kg/m^3	2384	2384	17294	7974

Weitere Stoffeigenschaften, die für die Berechnungen der Gasphasenphänomene wichtig sind, sind in Tabelle A.2 aufgeführt und können in [105] nachgeschlagen oder mit Hilfe von [106] berechnet werden. Für die Untersuchungen der Effektivität des Abtrags in Kapitel

Tabelle A.2.: Weitere benötigte Materialkonstanten

Eigenschaften	Aluminium	Kupfer
Atomradius r_{Atom}	0,143 nm	0,143 nm
Oberflächenspannung σ	0,5892 N/m	1,0957 N/m
Stoßquerschnitt σ_c	$2,5698 \cdot 10^{-19}\ m^2$	$2,0268 \cdot 10\ {-19}\ m^2$

6 und der Energieflüsse während des Prozesses in Abhängigkeit von der Wellenlänge wird

der Reflexionsgrad bei senkrechtem Einfall aus [54] entnommen. Die optischen Konstanten hängen über den Reflexionsgrad

$$R = \frac{(n-1)^2 + k^2}{(n+1)^2 + k^2} \tag{A.1}$$

zusammen, wobei n in [102,103,104] tabellarisch aufgeführt ist und k sich mit obiger Gleichung berechnen läßt.

A.2. Dissoziation und Ionisation

Dissoziation von Dimeren

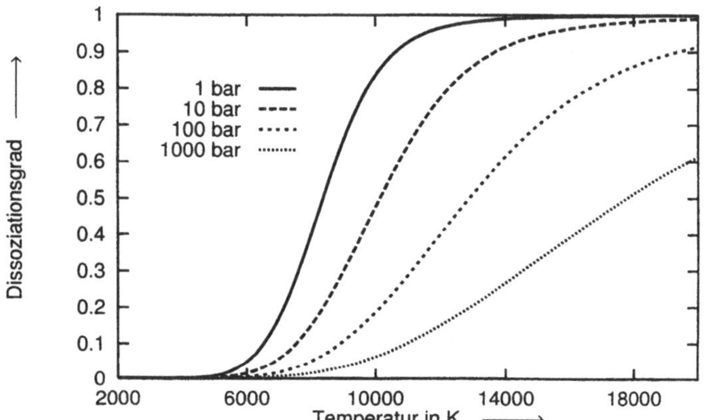

Abb. A.1.: Dissoziationsgrad von Stickstoff in Abhängigkeit von der Temperatur für die Drücke 1, 10, 100 und 1000 *bar*.

Der Dissoziationsgrad ist über

$$\Gamma_{dis} = \frac{n_a}{2n_{A2}^0} \quad \text{bzw.} \quad 1 - \Gamma_{dis} = \frac{n_{A2}}{n_{A2}^0} \tag{A.2}$$

definiert. Die Beziehung zwischen Dissoziationsgrad, Temperatur und Druck wird mit Hilfe der minimalen freien Energie eines Gasgemisches abgeleitet [17] und ist für ein Gas im lokalen thermodynamischen Gleichgewicht durch

$$\frac{\Gamma_{dis}^2}{1 - \Gamma_{dis}} = \frac{4\omega_{rot}}{\pi \hbar^2 n_{A2}^0} \left(1 - e^{-\frac{k_b T}{2\hbar\omega_{rot}}}\right) \sqrt{k_b T \,(\pi m_a)^3} \exp\left(-\frac{E_D}{k_b T}\right) \tag{A.3}$$

beschreibbar, wobei sich die anfängliche Gasteilchendichte n_{A2}^0 aus dem Quotienten von Massendichte und der Molekülmasse ϱ/m_{A2} berechnet und ω_{rot} die Anregungsfrequenz eines Rotationsniveaus ist. Für Stickstoff beträgt diese Frequenz $\omega_{rot} = 2,23 \cdot 10^{12} \ s^{-1}$ [60]. In Abb. A.1 ist der Dissoziationsgrad von Stickstoff für verschiedene Druckwerte in Abhängigkeit von der Temperatur dargestellt. Mit zunehmendem Druck kommt es erst bei höheren Temperaturen zur Dissoziation.

Ionisation im lokalen thermodynamischen Gleichgewicht

Das verwendete Plasmamodell stützt sich bis auf kleine Änderungen im wesentlichen auf ein von Kindler adaptiertes Modell [107,108]. Dabei wird angenommen, daß die Temperaturen aller Teilchen gleich groß sind, daß die Besetzungsdichte der Zustände über die Boltzmannverteilung gegeben ist, die Maxwellsche Geschwindigkeitsverteilung gilt und daß die Relaxationszeiten im Plasma wesentlich kürzer sind als die Variationszeiten von Druck und Temperatur im Dampf/ Plasmagemisch. Mit diesen Annahmen und unter Berücksichtigung der Quasineutralität $n_e = n_i^+ + 2n_i^{++} + \ldots$ und der Gleichung (4.9) kann aus Druck und Temperatur die Elektronendichte mit Hilfe der Saha–Eggert–Gleichung

$$\frac{n_{i+1}n_e}{n_i} = 2\frac{\mathcal{Z}_{i+1}}{\mathcal{Z}_i}\left(\frac{m_e k_b T}{2\pi\hbar^2}\right)^{3/2}\exp\left(-\frac{E_i - \Delta E_i}{k_b T}\right) \tag{A.4}$$

bestimmt werden. Damit ist E_i die Ionisationsenergie des Ionisationsprozesses vom i–ten zum $i+1$–ten Zustand und ΔE_i die zugehörige Herabsetzung der Ionisationsenergie aufgrund der Coulombabschirmung. Im Rahmen der Debye–Hückel-Theorie (siehe z.B. [59]) werden die abschirmenden Ladungen, die zur Absenkung der Ionisationsenergie führen, als kontinuierliche Ladungsverteilung angenommen, so daß innerhalb einer charakteristischen Abmessung[1] eine genügend hohe Anzahl von Ladungsträgern vorauszusetzen ist. Bei hohen Dichten und Temperaturen, wie sie u.U. beim Laserabtragen auftreten können, ist diese Voraussetzung nicht mehr vorbehaltlos erfüllt. In diesem Fall ist die charakteristische Abmessung zur Beschreibung des modifizierten Coulombpotentials durch den Ionensphärenradius [109]

$$R_{ion} = \left(\frac{3\pi}{4}\left(n_i^+ + n_i^{++} + \ldots\right)\right)^{1/3} \tag{A.5}$$

gegeben.

Die Zustandssummen $\mathcal{Z}_i$ für das i–fach ionisierte Atom für Erniedrigungen der Ionisationsenergie ΔE_i von $0,1\ eV$, $1\ eV$ und $3\ eV$ wurden aus [110] entnommen. Dazwischen liegende Werte werden linear interpoliert. Werden in der Materialdampfwolke Temperaturen erreicht, die nicht als Tabellenwerte erfaßt sind, so werden die Zustandssummen mittels Exponentialfunktionen extrapoliert.

Wird der Ionisationsgrad als das Verhältnis von Elektronendichte zur Atomdichte und den Ionendichten definiert

$$\Gamma_{ion} = \frac{n_e}{n_a + n_i^+ + n_i^{++} + \ldots} \quad , \tag{A.6}$$

so ergibt sich die in Abb. A.2 präsentierte Abhängigkeit von der Temperatur und vom Druck. Mit Beschränkung auf einfach ionisierte Atome ($i = 0$) läßt sich die Beziehung (A.4) nach

$$\frac{\Gamma_{ion}^2}{1 - \Gamma_{ion}} = \frac{2}{n_a + n_i^+}\frac{\mathcal{Z}_{i+1}}{\mathcal{Z}_i}\left(\frac{m_e k_b T}{2\pi\hbar^2}\right)^{3/2}\exp\left(-\frac{E_i - \Delta E_i}{k_b T}\right) \tag{A.7}$$

überführen. Der Vergleich mit der Bestimmungsgleichung für den Dissoziationsgrad (A.3) zeigt ein ähnliches Verhalten von Ionisations- und Dissoziationsgrad. Mit abnehmendem

---

[1]Bei der sogenannten Debye–Länge ist das beschreibende elektrostatische und modifizierte Coulombpotential auf den e–ten Teil abgefallen.

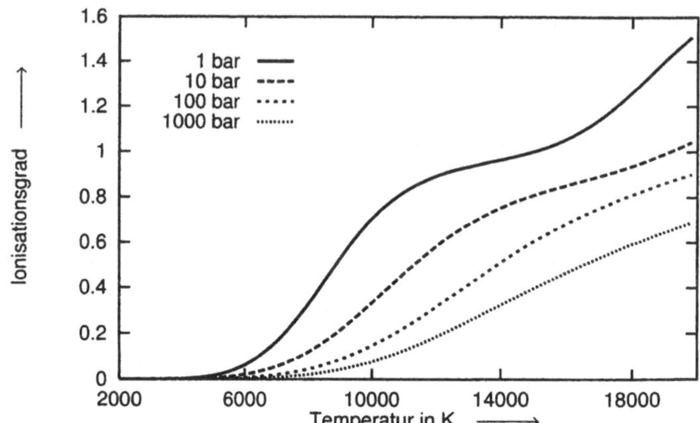

Abb. A.2.: Ionisationsgrad von Aluminium in Abhängigkeit von der Temperatur für die
Drücke 1, 10, 100 und 1000 *bar* unter Voraussetzung eines lokalen thermodynamischen Gleichgewichts.

Druck kommt es bei gleicher Temperatur zu einer höheren Ionisation bzw. Dissoziation,
da in beiden Gleichungen die Ausgangsteilchendichte in den Nenner eingeht.

In [61] wird der hier verwendete Gleichgewichtsansatz zur Berechnung des Ionisationsgrades einem Nichtgleichgewichtsansatz[2] gegenübergestellt. Die Diskussion der Ergebnisse
zeigt, daß ab zirka 10^{24} Teilchen pro Kubikmeter die Nichtgleichgewichtsapproximati-
on nahezu äquivalent zum Gleichgewichtsansatz ist. Für die in der vorliegenden Arbeit
diskutierten Drücke ist diese Voraussetzung immer erfüllt, so daß eine Bestimmung des
Ionisationsgrades mit der Sahagleichung ausreichend ist.

A.3. Diskretisierung der Eulergleichungen

Das Gleichungssystem (4.7) kann auch durch

$$\mathbf{Q}_t + \mathbf{a}\,\mathbf{F}_z + \mathbf{b}\,\mathbf{G}_r + \mathbf{H} = 0 \qquad (A.8)$$

ausgedrückt werden, wobei $\mathbf{H}$ die rotationssymmetrischen Korrekturen und die aufgrund
der Absorptionsmechanismen im Gas deponierte Energie beinhaltet:

$$\mathbf{H} = \begin{bmatrix} \varrho v/r \\ \varrho u v/r \\ \varrho v^2/r \\ (p+e)v/r - P(z,r,t) \\ 0 \end{bmatrix} . \qquad (A.9)$$

---

[2]d.h. Elektronen und schwere Teilchen im Plasma besitzen eine unterschiedliche Temperatur

Die Diskretisierung wird separat für die z– und r–Richtung jeweils als Prädiktor– und Korrektorschritt durchgeführt:

$$\text{Prädiktor} \quad P_z: \quad \mathbf{Q}_{i,j}^{P'} = \bar{\mathbf{Q}}_{i,j} - \mathbf{a}\frac{\Delta t}{\Delta z}(\mathbf{F}_{i,j} - \mathbf{F}_{i-1,j}) - \Delta t\,\frac{\mathbf{H}_{i,j}}{2}$$

$$\text{Korrektor} \quad K_z: \quad \mathbf{Q}_{i,j}^{+'} = \tfrac{1}{2}\left(\bar{\mathbf{Q}}_{i,j} + \mathbf{Q}_{i,j}^{P'} - \mathbf{a}\frac{\Delta t}{\Delta z}(\mathbf{F}_{i+1,j}^{P'} - \mathbf{F}_{i,j}^{P'}) - \Delta t\,\frac{\mathbf{H}_{i,j}}{2}\right)$$

$$\text{Prädiktor} \quad P_r: \quad \mathbf{Q}_{i,j}^{P} = \bar{\mathbf{Q}}_{i,j}^{+'} - \mathbf{b}\frac{\Delta t}{\Delta r}(\mathbf{G}_{i,j}^{+'} - \mathbf{G}_{i,j-1}^{+'}) - \Delta t\,\frac{\mathbf{H}_{i,j}}{2}$$

$$\text{Korrektor} \quad K_r: \quad \mathbf{Q}_{i,j}^{+} = \tfrac{1}{2}\left(\bar{\mathbf{Q}}_{i,j}^{+'} + \mathbf{Q}_{i,j}^{P} - \mathbf{b}\frac{\Delta t}{\Delta r}(\mathbf{G}_{i,j+1}^{P} - \mathbf{G}_{i,j}^{P}) - \Delta t\,\frac{\mathbf{H}_{i,j}}{2}\right).$$

$$(A.10)$$

Die Indizes i und j bezeichnen die Nummer des Knotenpunktes in z– bzw. r–Richtung, wobei $\mathbf{Q}_{i,j}^{+'}$ und $\mathbf{Q}_{i,j}^{+}$ den Lösungsvektor zum Zeitpunkt $t^{+'} = t + \Delta t$ bzw. $t^{+} = t^{+'} + \Delta t$ wiedergibt. Der Zeitschritt Δt berechnet sich nach Gleichung (4.23). Das gesamte Feld ist erst nach allen vier Schritten, also $2\,\Delta t$ berechnet. Um die Stabilität der numerischen Prozedur zu erhöhen wird der Vektor $\mathbf{Q}_{i,j}$ zu Beginn eines jeden Teilzeitschrittes, also vor jedem Prädiktorschritt, durch die Nachbarknoten linear interpoliert:

$$\bar{\mathbf{Q}}_{i,j} = \tfrac{1}{2}(\mathbf{Q}_{i-1,j} + \mathbf{Q}_{i+1,j})$$

$$(A.11)$$

$$\bar{\mathbf{Q}}_{i,j}^{+'} = \tfrac{1}{2}(\mathbf{Q}_{i,j-1}^{+'} + \mathbf{Q}_{i,j+1}^{+'}) \quad .$$

Das Koordinatensystem ist mit der oberen Grenze der Knudsenschicht verbunden. Knotenpunkte an dieser Grenze für $z = 0$, die innerhalb der bestrahlten Fläche liegen und für den Fall, daß die Oberflächentemperatur größer ist als die Verdampfungstemperatur, werden mit den Werten belegt, die sich aus dem in Abschnitt 4.2.3 diskutierten Mechanismus ergeben. Im einzelnen ist die oberflächenseitige Randbedingung

$$z = 0: \begin{cases} r \leq r_b & \text{und} \quad T_L \geq T_{eva} \ : \ \mathbf{Q},\ \mathbf{G},\ \mathbf{F} = \mathbf{Q}_g,\ \mathbf{G}_g,\ \mathbf{F}_g \\[2ex] r > r_b & \text{oder} \quad T_L < T_{eva} \ : \ \frac{d\mathbf{Q}}{dz},\ \frac{d\mathbf{G}}{dz},\ \frac{d\mathbf{F}}{dz} = 0 \end{cases}, \quad (A.12)$$

worin der Index g die Werte an der oberen Grenze der Knudsenschicht bezeichnet.

A.4. Explizite Berechnung des komplexen Brechungsindexes

Der komplexe Brechungsindex des Plasmas mit Ionenanteil ist

$$n^{*2} = n_{ion}^{*}{}^{2} + \mathrm{i}\frac{\sigma_{el}}{\varepsilon_0\,\omega} \quad . \qquad (A.13)$$

Mit

$$\sigma_{el} = \mathrm{i}\,n_e\,\frac{e^2}{m_e}\,\frac{1}{(\omega + \mathrm{i}\nu_c)} \qquad (A.14)$$

ergibt sich

$$n^{*2} = n_{ion}^{*}{}^2 - \frac{n_e\, e^2}{m_e\, \varepsilon_0} \cdot \frac{\lambda}{2\pi\, c}\, \frac{1}{\omega + \mathrm{i}\nu_c} \quad . \tag{A.15}$$

Unter der Voraussetzung, daß $\omega \gg \nu_c$, führt dies auf

$$n^{*2} = n_{ion}^{*}{}^2 - \frac{n_e\, e^2}{m_e\, \varepsilon_0} \cdot \frac{\lambda^2}{4\pi^2\, c^2} + \mathrm{i}\frac{\nu_c}{\omega}\frac{n_e\, e^2}{m_e\, \varepsilon_0} \cdot \frac{\lambda^2}{4\pi^2\, c^2} \tag{A.16}$$

und mit [111]

$$n_{ion}^{*}{}^2 \approx \frac{\varrho\, R_{werk}\, \alpha_p}{\varepsilon_0\, k_b} + 1 \tag{A.17}$$

auf

$$n^{*} = 1 + \frac{\varrho\, R_{werk}\, \alpha_p}{\varepsilon_0\, k_b} - \frac{n_e\, e^2}{m_e\, \varepsilon_0} \cdot \frac{\lambda^2}{8\pi^2\, c^2} + \mathrm{i}\frac{\nu_c}{\omega}\frac{n_e\, e^2}{m_e\, \varepsilon_0} \cdot \frac{\lambda^2}{8\pi^2\, c^2} \quad , \tag{A.18}$$

wobei die Entwicklung $n^{*2} = 2\, n^{*} - 1$ verwendet wurde.

A.5.　Kritischer Radius, minimale Energie, Clusterdichte

Das thermodynamische Potential für einen Dampf mit Flüssigkeitströpfchen lautet nach [80]:

$$\Phi = \mu_A N_A + \mu_B N_B + 4\pi a^2\, \sigma \quad . \tag{A.19}$$

Hierbei sind μ_A und μ_B die chemischen Potentiale, N_A und N_B die Teilchenzahlen in *Mol*, a der Radius des Tropfens und σ die Oberflächenspannung. Der Index A bezieht sich auf den Dampfzustand und der Index B auf den Zustand in der kondensierten Phase. Für $a \longrightarrow \infty$ sind keine Oberflächeneffekte vorhanden und $\mu_A = \mu_B$. Im Gleichgewicht gilt $d\Phi = 0$. Der Radius an dieser Stelle wird als kritischer Radius a_k bezeichnet. Es gilt

$$0 = \mu_A dN_A + \mu_B dN_B + d(4\pi a^2\, \sigma) \quad , \tag{A.20}$$

und mit der Bedingung für die konstante Teilchenzahl

$$dN_A = -dN_B \tag{A.21}$$

erhält man

$$0 = \mu_B - \mu_A + 4\pi\sigma\frac{da_k^2}{dN_B} \quad . \tag{A.22}$$

Die Molzahl der Teilchen im Tropfen ist

$$N_B = \frac{4\pi}{3}a_k^3 \cdot \frac{\varrho_{liq}}{M_a} \quad , \tag{A.23}$$

wobei M_a die Molmasse ist. Damit und mit der Ableitung

$$\frac{d\, a_k^3}{d\, a_k^2} = \frac{3}{2}a_k \tag{A.24}$$

läßt sich schließlich der kritische Radius

$$a_k = \frac{2\,M_a\,\sigma}{\varrho_{liq}} \cdot \frac{1}{\mu_A - \mu_B}$$

(A.25)

herleiten. Die Integration der Gibbs–Duhem Beziehung liefert

$$\mu = \frac{R_{werk}\,T\,M_a}{p}\ln p + \Psi \quad ,$$

(A.26)

und eingesetzt in Gleichung (A.25) folgt der kritische Radius in Abhängigkeit vom Druck:

$$a_k = \frac{2\,\sigma\,p_A}{\varrho_{liq}\,R_{werk}\,T} \cdot \frac{1}{p_B - p_A} \quad .$$

(A.27)

Hierbei wurde die Approximation

$$\ln\frac{p_B}{p_A} = \frac{p_B - p_A}{p_A}$$

(A.28)

verwendet. Das chemische Potential des Dampfes μ_A ist unabhängig vom Radius des Tropfens, so daß dem Druck p_A der Gleichgewichtsdampfdruck p_∞ für eine ebene Oberfläche $(a \longrightarrow \infty)$ zugeordnet werden kann. Damit der Tropfen stabil ist, muß der tatsächliche Druck im Dampf genauso groß sein wie der Druck in der Flüssigkeit. Somit ist $p_B = p$. Damit ist Gleichung (A.27) äquivalent mit Gleichung (5.7).

Die minimale Energie zur Bildung eines Clusters oder Tropfens mit dem Radius a ist über die Differenz der thermodynamischen Potentiale vor und nach der Kondensation gegeben:

$$\Phi_{min} = \Phi - \Phi_0 \quad .$$

(A.29)

Mit Gleichung (A.19) und dem thermodynamischen Potential der Dampfphase ohne Tröpfchen

$$\Phi_0 = \mu_A(N_A + N_B)$$

(A.30)

folgt

$$\Phi_{min} = -N_B(\mu_A - \mu_B) + 4\pi\sigma a^2$$

(A.31)

und mit Gleichung (A.23)

$$\Phi_{min} = 4\pi\sigma\left(-\frac{2}{3}\cdot\frac{a^3}{a_k} + a^2\right) \quad .$$

(A.32)

Die Herleitung von s_{cl} folgt der Vorgehensweise in [80], und die wichtigsten Schritte sollen im folgenden dargelegt werden.

Solange $\mu_A < \mu_B$ ist, ist die Ausgangsphase A im thermodynamischen stabilen Zustand. Es können dennoch aufgrund von Fluktuationen Cluster mit kleinen Abmessungen entstehen, diese lösen sich aber sofort wieder auf, während sich aus anderen Atomen wieder Cluster bilden können. Insgesamt zeichnet sich dieser Zustand durch eine konstante Population von Clustern mit unveränderlichen Abmessungen aus. Die Gleichgewichtsverteilung der Clusterabmessungen wird mit einer Boltzmannverteilung

$$f_g^0 = \Gamma_{cl}\, e^{-\frac{\Phi_{min}(g)}{k_b T}}$$

(A.33)

beschrieben, wobei g über Beziehung (5.11) mit dem Radius verknüpft ist. Für den Fall $\mu_A > \mu_B$, der eine Übersättigung charakterisiert, kann die Proportionalitätskonstante Γ_{cl} nur durch eine kinetische Betrachtung ermittelt werden. In diesem Bereich gilt jedoch hinsichtlich der Abmessungen keine Gleichgewichtsverteilungsfunktion mehr. Die Anzahl der Cluster, die innerhalb einer Zeiteinheit aus der Klasse mit $g-1$ Atomen in die Klasse mit g Atomen übergeht, ist

$$I_g = f_{g-1}\, s_{g-1}\, \beta_{cl} - f_g\, s_g\, \alpha_g \quad , \tag{A.34}$$

wobei β_{cl} der Kondensationskoeffizient, α_g der Verdampfungskoeffizient und s_g bzw. s_{g-1} die Oberfläche der Cluster mit g bzw. $g-1$ Atomen ist. Die Verteilungsfunktion ist durch f_g bezeichnet. Mit der Bedingung für die Gleichgewichtsverteilungsfunktion, bei der der Überschuß I_g gleich null ist

$$f_g^0\, s_g\, \alpha_g = f_{g-1}^0\, s_{g-1}\, \beta_{cl} \quad , \tag{A.35}$$

läßt sich der Überschuß durch Quotienten aus Verteilungsfunktion und Gleichgewichtsverteilungsfunktion

$$I_g = f_{g-1}^0\, s_{g-1}\, \beta_{cl} \left(\frac{f_{g-1}}{f_{g-1}^0} - \frac{f_g}{f_g^0} \right) \tag{A.36}$$

ausdrücken. Diese Gleichung beschreibt im Prinzip ein $(g+1)$–dimensionales Gleichungssystem, welches für kleine Clusterabmessungen, also nur mit wenig Atomen pro Cluster, rekursiv gelöst werden kann. Für Clusterabmessungen von einigen Nanometern, die einige 1000 Atome beinhalten, ist dies jedoch nicht mehr möglich, und man geht in eine kontinuierliche Beschreibung über, d.h. $f_g = f(g)$. Mit der Abkürzung $s(g-1)\beta_{cl} \approx s(g)\beta_{cl} = D(g)$ ergibt sich für den Überschuß

$$I(g) = -D(g)\, f^0(g) \frac{\partial}{\partial g} \left[\frac{f(g)}{f^0(g)} \right] \quad . \tag{A.37}$$

Für den stationären Fall $I = \mathrm{const}$ und mit dem Einsetzen von Gleichung (A.33) liefert die Integration

$$f(g) = I\, e^{-\frac{\Phi_{min}(g)}{k_b T}} \int_g^G \frac{1}{D(g)} e^{\frac{\Phi_{min}(g)}{k_b T}}\, dg \quad , \tag{A.38}$$

wobei G die Anzahl der Atome im größten Cluster und g im kleinsten Cluster charakterisiert. An der Stelle $a = a_k$ bzw. $g = g_k$ nimmt die Funktion $\exp[\Phi_{min}/k_b T]$ ein scharfes Maximum an, so daß mit der Reihenentwicklung an der Stelle $g = g_k$

$$\Phi_{min} = \Phi_{min}(g_k) - \frac{8}{18}\pi\sigma \left(\frac{3}{4\pi} \frac{m_a}{\varrho_{liq}} \right)^{2/3} g_k^{-4/3} (g - g_k)^2 \tag{A.39}$$

und $D(g) \approx D(g_k)$ sich das Integral zu

$$f(g) = \frac{I}{D(g_k)} e^{\frac{\Phi_{min}(g_k) - \Phi_{min}(g)}{k_b T}} \int_g^G e^{-\frac{\gamma(g - g_k)^2}{2k_b T}}\, dg \tag{A.40}$$

mit

$$\gamma = \frac{8}{9}\pi\sigma \left(\frac{3}{4\pi} \frac{m_a}{\varrho_{liq}} \right)^{2/3} g_k^{-4/3} \tag{A.41}$$

auflöst. Ist $G - g_k$ und $g_k - g$ groß gegenüber $\sqrt{k_b T/\gamma}$, so ist (A.40) ein bestimmtes Integral (Integrationsgrenzen von $-\infty$ bis $+\infty$) und löst sich mit (A.33) in

$$\frac{f(g)}{f^0(g)} = \frac{I}{\Gamma_{cl}\, D(g_k)}\, e^{\frac{\Phi_{min}(g_k)}{k_b T}} \sqrt{\frac{2\pi k_b T}{\gamma}} = \text{const} \tag{A.42}$$

auf. Die rechte Seite ist eine Konstante, so daß auch $f(g)/f^0(g)$ eine Konstante sein muß. Da für $g \ll g_k$ man sich im thermodynamischen stabilen Zustand befindet (siehe Bemerkung zu Beginn dieses Absatzes), ist $f(g) = f^0(g)$ und damit const $= 1$. Dies gilt für den gesamten Wertebereich, und damit gilt für den Überschuß

$$I = \Gamma_{cl}\, D(g_k)\, e^{-\frac{\Phi_{min}(g_k)}{k_b T}} \sqrt{\frac{\gamma}{2\pi k_b T}} \quad . \tag{A.43}$$

Mit dem Diffusionskoeffizienten

$$D(g_k) = 4\pi\, n_t \bar{c} \left(\frac{3}{4\pi} \frac{m_a}{\varrho_{liq}} g_k \right)^{2/3} \quad , \tag{A.44}$$

der die Anzahl der sich auf dem Cluster mit dem Radius a_k kondensierenden Atome pro Zeiteinheit beschreibt, ergibt sich schließlich

$$s_{cl} = \frac{I}{\Gamma_{cl}} = \frac{2 n_t m_a \bar{c}}{\varrho_{liq}} \sqrt{\frac{\sigma}{k_b T}} \exp\left(-\frac{4\pi \sigma a_k^2}{3 k_b T} \right) \quad . \tag{A.45}$$

Die Wachstumsgeschwindigkeit eines einzelnen Clusters ergibt sich aus der Differenz der kondensierenden und verdampfenden Atome

$$\frac{dg}{dt} = s_{g-1} \beta_{cl} - s_g \alpha_g \tag{A.46}$$

und mit Gleichung (A.33)

$$\frac{dg}{dt} = s_{g-1} \beta_{cl} \left(1 - \exp\left[\frac{\Phi_{min}(g) - \Phi_{min}(g-1)}{k_b T} \right] \right) \quad . \tag{A.47}$$

Für $g \gg 1$ ist $g^{2/3} \approx (g-1)^{2/3}$ und damit ergibt sich

$$\Phi_{min}(g) - \Phi_{min}(g-1) \approx 4\pi\sigma \left(\frac{3}{4\pi} \frac{m_a}{\varrho_{liq}} \right)^{2/3} \left(-\frac{2}{3\, g_k^{1/3}} \right) = -\frac{2\sigma}{R_{werk}\, \varrho_{liq}\, T\, a_k} \quad . \tag{A.48}$$

Einsetzen von $s_{g-1} \approx s_g = 4\pi a^2$ und $\beta_{cl} = n_t \bar{c}$ liefert letztendlich

$$\frac{dg}{dt} = 4\pi \left(\frac{3}{4\pi} \frac{m_a}{\varrho_{liq}} g \right)^{(2/3)} n_t \bar{c} \left(1 - \exp\left[-\frac{2\sigma}{R_{werk}\, \varrho_{liq}\, T\, a_k} \right] \right) \quad . \tag{A.49}$$

Danksagung

Die vorliegende Dissertation faßt einen Teil meiner wissenschaftlichen Arbeiten zusammen, die am Institut für Strahlwerkzeuge der Universität Stuttgart durchgeführt und zum großen Teil durch die Deutsche Forschungsgemeinschaft DFG gefördert wurden. Dies mag für das Gelingen der Arbeit hinreichend gewesen sein, notwendig dafür war jedoch die Unterstützung durch Freunde, Kollegen und Familienangehörige, denen ich meinen herzlichen Dank aussprechen möchte.

An erster Stelle möchte ich explizit Herrn Prof. Dr.-Ing. Helmut Hügel dafür danken, daß er mich an sein Institut aufgenommen hat, daß er durch seine Förderung mir einen internationalen wissenschaftlichen Austausch von Novosibirsk bis Monterey ermöglicht hatte und ich dadurch Einblicke in die Denk- und Arbeitsweise anderer Nationalitäten sammeln durfte und daß er als Chef und Mensch mir ein Vorbild darstellt.

Mein Dank gilt auch Herrn Prof. Dr. rer. nat. Reinhart Poprawe für die Übernahme des Mitberichts und stellvertretend dafür, daß auch über die Institutsgrenzen hinaus mit Wissenschaftlern in Aachen und Erlangen eine sehr gute Zusammenarbeit auf dem Gebiet des Abtragens mit Lasern möglich war.

Ganz herzlich sei allen Studenten, Kollegen und Mitarbeitern für ihre Hilfsbereitschaft und freundschaftlich lockere Atmosphäre gedankt. Insbesondere gilt das für meine langjährigen Zimmerkollegen und Freunde Henrik Schittenhelm, Hermann Emminger, Knut Jasper, Yalcin Yarimca und Dr. Jürgen Griebsch mit denen ich nicht nur viel Spaß während der Arbeitszeiten hatte.

Bei Herrn Peter Berger bedanke ich mich für die herausragende fachliche Unterstützung bei Fragen zum Laserabtragen und seine Bereitschaft zur wissenschaftlichen Diskussion. Ohne seine kritischen Hinterfragungen und Anregungen wären maßgebliche Aspekte der Arbeit zu oberflächlich oder garnicht behandelt worden. Herrn Dr. Friedrich Dausinger möchte ich dafür danken, daß Ergebnisse dieser Arbeit auch Industriepartnern vermittelt wurden, so daß mir auf diese Weise eine über den akademischen Tellerrand hinausgehende Diskussion zugänglich wurde, welche mir sehr hilfreich für die weitere berufliche Zukunft sein wird.

Zweifelslos wäre aus dieser Arbeit nie etwas geworden ohne die bereits oben Genannten und den studentischen Mitarbeitern Andreas Waibel, Mark Müller, Jörg Scheurich, Joachim Schmidt, Jürgen Merz und Alexander Straub, die mit mit viel Phantasie und Engagement zum erfolgreichen Gelingen beitrugen.

Unvollständig wäre diese Danksagung, bliebe meine Familie ungenannt. Der Rückhalt meiner Eltern während der Kindheit und Ausbildungszeit bildeten einen Grundstein für diese Arbeit, wofür ich ihnen immer dankbar sein werde. Das Glück in meinem Zwillingsbruder Horst nicht nur einen Freund zu finden, sondern auch einen hervorragenden wissenschaftlichen Diskussionspartner, gab mir in vielen Lebenslagen wichtige Impulse. Den größten Beitrag am erfolgreichen Abschluß der Promotion hat jedoch meine zukünftige Frau Anke. Sie gab mir die lange gesuchte Geborgenheit, Harmonie und Liebe. Daraus schöpfend viel es mir leicht die vorliegende Arbeit erfolgreich abzuschließen. Deswegen sei ihr die Arbeit gewidmet.

im Februar 1999   Gert Callies